凝煉知識品味閱讀

圖解系列

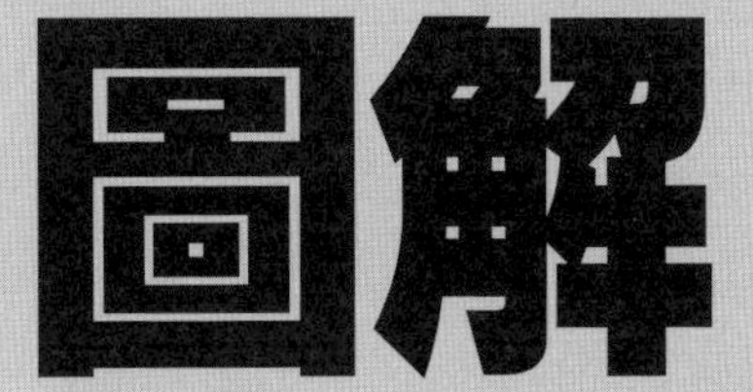

五南圖書出版公司 印行

可靠性技術與管理

陳耀茂 / 編著

閱讀文字

觀看圖表

理解內容

圖解讓
可靠性技術
與管理
更簡單

自序

對於許多產品來說，可靠性怎麼也輪不上是第一需要的品質，可是它卻是容易遺忘並且是容易疏忽的品質。

由於「品管」是在產品生產的過程中必然會碰上的問題，所以不管是對哪一種產品來說，所有的人都可以理解到它是身邊的問題並付諸關心。可是，「可靠性」在產品一經使用變成了損害顯現於表面之前，其重要性均未受到認同，技術或管理上的努力常有無法立即評價之憾。

可靠性即使對它進行了投資，其效果也並未能立即顯現，而且，如果獲致效果就更加難以故障所以它也就不顯眼，因之眼前難以認爲是一項重要的品質。可是，如果怠忽了它的話，在無法看得到的時間軸上，就會遭受立即報復的窘境而吃了虧。最近，技術愈來愈進步，愈來愈複雜化，對於性能的要求也愈來愈嚴格，總合性的可靠性技術，好不容易其需要性也受到了重視。

「QC（品管）簡單、R（可靠性）艱難」，這句話不知從何而生？QC 所討論的統計、數理，對外行人來說也是相當艱深的。若與可靠性數理相比，在 OR（作業研究）、DE（實驗計畫法）等數理之中也有相當艱深的。基於此意所謂艱深，「QC」與「R」可以說是五十步笑百步，本質上絲毫沒有差異。

可靠性是系統與產品所不可欠缺的時間品質，正逐漸滲透到各企業與各領域之中，已成爲世界性的傾向。在物美價廉的產品之中，賦予能與成本保持均衡的可靠性／維護性，正是品質保證上所需要的要件。隨著品質走向品質保證的地步，可靠性在品質保證所擔負的功能有與日俱增之勢。由於「QC」是產品或系統所不可或缺的空間品質，而「R」則是不可欠缺的時間品質，因之「QC」與「R」的確保，在產品的品質保證上正有相得益彰之效，如虎添翼之勢。

可靠性原先是以電子系統與裝置爲對象而引進來的，那它是否可以適用於電子系或機械系以外的系統與裝置呢？與其他領域中的人是否有關係？很容易讓人對它感到懷疑。其實，可靠性最先開始用於太空、軍事系統或裝置，乃是由於它需要的關係，而其他領域中的人士欠缺確實理解其需要性，所以才有一層隔閡感。可靠性本質上的艱深，在於確實瞭解爲什麼可靠性需要，爲什麼時間品質很重要，以及實現可靠性時如何克服時間上的不一致，有此種技術上的困難性。

本書有別於一般以數理的方式探討「可靠性／維護性」，它是以外行也能看能懂的方式對可靠性／維護性給以闡釋，並且附上圖表解說，也提供有知識補充站，隨機地提供相關知識以增廣見聞，閱讀之時不會感到索然無味，也可讓人對可靠性／維護性爲何需要，進而對可靠性／維護性的技術與管理感到興趣了。

陳耀茂 謹誌於
東海大學企管系所

CONTENTS 目錄

第 2 篇　管理與技術篇

第 3 章　R／M 管理的作法與故障解析的方法

第 4 章　維護技術與可靠性／維護性的關係

第 3 篇　數據解析篇

第 5 章　可靠度的基本式與其求法

第 6 章　可靠性／維護性數據的解析方法

第 7 章　可維護的裝置與其零件的可靠性

第1篇
入門篇

由於可靠性／維護性的後面都用了「性」此種抽象的語句，因之難免有覺得艱深的印象。而且，這些技術的源頭與發展，是來自於電子的系統（其象徵即為阿波羅太空船），因之有一部分的人即誤解這是十分複雜的技術。

可是，可靠性／維護性的原理是「生產出難以故障的產品以及即使故障也易修理的產品」，就是這麼單純明快的一句話。

此入門篇是為了初學可靠性／維護性的人士，對於什麼是可靠性／維護性，以及對於所使用之用語與其意義加以解說。

第1章
可靠性／維護性的入門解說

本章是對可靠性工程或者可靠性／維護性是什麼，以及其需要性、重要性加以說明。並且，對實現可靠性／維護性所不可欠缺的「可靠性／維護性管理」，也說明它的概略情形。

1.1 可靠性／維護性的意義(1)

■ 使之不發生故障即為「可靠性」

以普通的常識來想，某裝置或機械是「可靠的」，它的意義到底是什麼？它大概可以說「該裝置或機械被使用時，於規定的時間中可讓使用者獲得滿足的狀態」（此處所謂規定的時間，是在某成本的限制下使用者要求、期待的時間）。

因此，爲了使產品處於「能滿足的狀態」，首先要使該產品「不發生故障」是非常重要的，此即稱之爲「可靠性」。

具體言之，好好設計及製造使之不發生故障，並且能使用得很好，這是最重要的事情。

可是，可靠性／維護性若不能以具體的數字來處理時，那就無法實際活用在設計與生產方面。因此，在衡量可靠性的數值（此稱之爲尺度或指標）方面，是使用「可靠度」此種機率來表示。

可靠性也好，可靠度也好，英文都稱之 reliability。這是來自於 rely（可靠）＋ ability（能力）所構成。因此，不管是可靠性或可靠度都單以 R 來表示。本書中也有略記以 R 表示，讀者不妨記之。

此外，可靠性、可靠度 CNS 11381：1985 均有定義，介紹於後。「可靠度」的說明有些艱澀，但卻表現得很嚴謹。而「可靠性」只要在可靠度的「機率」部分，換成「能力」的表現即可。

> **◆ 可靠度用語**
> 可靠度：系統、機器、零件等在所給予的條件下，於規定的期間中，達成所要求機能的機率。

■ 發生了故障，也能很容易發現、馬上修好的即為「維護性」

前項所敘述的可靠性，可以說是故障之前的話題。相對的，當機械或設備等發生故障或劣化時，能及早發現並加以修復，使之維持正常的能力，即稱之爲「維護性」。

在維護性中，不僅是固有的維護技術（備件的交換、修復等）的重視，最重要的是從設計階段起，就必須設計出能很容易發現故障或劣化，並且同時能容易修理的機構才行。

亦即，像電子計算機或汽車之類，要由人操作維護及使用的系統裝置（此稱爲「可修復系」或單稱爲「修復系」），雖然提高可靠性使之不會發生故障是非常重要的，可是，把修理或服務此種維護性，並結合可靠性，從最初起即須擺在產品之中一併考慮才行。

可是，像無人操作的人造衛星或構造上無法修理之產品，由於無法端賴維護性，因之一開始只有儘可能的提高可靠性才行。

與可靠度同樣，表示維護性的程度即稱之爲「維護度」。且維護性、維護度的英文中均稱爲 maintainability。語源上是 maintain（維護）＋ ability（能力）。因此，把維護性、維護度均簡稱爲 M。

與可靠性的情形相同，根據中華民國國家標準（CNS：Chinese National Standards）的定義，說明維護性、維護度的意義如下。此外，有的業種不使用維護此用語，而有使用維修、保守、整備等的用語。

◆可靠度用語

維護性：在所給予的條件下於所要求的期間內完成修理可能系、機器、組件等之維護的能力。

維護度：在所給予的條件下於所要求的期間內完成修理可能系、機器、組件等之維護的機率。

■維護性與可靠性是密不可分的

如前所述，對於能修理的設備或機械來說，是不可能把可靠性與維護性絕對分開來想的。可以說有如車的兩輪，是一體兩面的。

因此，包含此兩者，即可稱之爲「廣義的可靠性」或「可靠性工程」，此時前面所述不使之發生故障的可靠性，即稱之爲「狹義的可靠性」，以茲區別。

維護性與可靠性均與時間有關，不易故障即爲可靠性佳，能快速修復使系統正常運轉即爲維護性佳。

1.2 可靠性／維護性的意義(2)

廣義的可靠性 { 狹義的可靠性（不故障）
維護性（故障了也容易修理）

只是本書由於也希望能好好理解維護性的概念是最大的目的，因之，光說可靠性時，係指狹義的可靠性。

如包含此兩者來表示廣義的可靠性時，則稱之爲「可靠性／維護性」。使用第一個字母可簡稱爲「R／M」。當然 R 即爲可靠性（reliability），M 即爲維護性（maintainability）。

■ 表示廣義的可靠性所用的尺度即為「可用性」

測量可靠性的尺度稱爲「可靠度」，測量維護性的尺度稱爲「維護度」，已如前面敘述，然而在能修理的系統中，需要有能表示統合此兩者之廣義可靠性，即「可靠性／維護性」的尺度，此稱爲「可用度」（availability）。

可用度是系統或機器在任意的時點中以「可滿意操作之機率」來表示。簡單的說，即爲「任何時候當想使用的時候即能使用的能力」。因此，與日語中的稼動率（即中文的可動率）近乎同一意義，而以簡單記號 A 來表示之。

亦即，「可用性高」的系統或設備，自然是良好的系統或設備。在 CNS 中是以如下方式定義。

◆ 可靠度用語

可用度：像經修理即可使用的系統、機器或配件等，在某特定的瞬間維持機能的機率，或在某期間中發揮機能之時間比率。

備註：平均可用度（記號 A），是以下式求得的情形居多。

$$A = \frac{\text{能操作時間}}{\text{能操作時間} + \text{不能操作時間}} = \frac{\text{up time}}{\text{up time} + \text{down time}}$$

由此似乎可以了解，系統或機器雖發生了故障，如在規定的時間內修理完成，且可保證順利操作時（若維護好的話），與只是利用可靠度的情形相比，能順利操作的機率（亦即可用度）應該是更高的。亦即，要讓可用度提高，與維護度的好壞有甚大的關係。

可是，像人造衛星等不能維護的系統，維護未有何貢獻，因之可用度即與可靠度相同。

此外，對某機器或某系統來說，當想達成相同的可用度時，是提高維護度有利呢？或是提高可靠度有利呢？視情況而定必須檢討才行。

■與可靠性／維護性相似的安全性

有一個類似於可靠性／維護性的語句此即爲「安全性」（safety，簡稱 S），此意指「人命、資產不會損失」，是與可靠性／維護性不同的概念。

可是，R／M 由於是爲了防止對象（系統與產品）的機能喪失，故與安全性必然有著密切的關係。一般來說 R、M、A 愈高，也可想成 S 愈高。

機能雖然喪失，安全仍可保持之設計稱爲「故障安全（fail-safe）」設計，此表示 R／M 與 S 是不相同的。

故障安全（fail-safe）是指一個設備或是實務，即使有特定故障下，也不會造成對人員或其他設備的傷害（或者將傷害最小化），故障安全是安全系統的一部分。故障安全的系統不表示系統不會故障或是不可能故障，故障安全的系統是指系統的設計在其故障時避免或減輕其不安全的結果。因此故障安全系統在故障時，會和正常運作的系統一樣安全，或者只是略爲不安全。

系統可能出現許多種類的故障，因此針對故障安全，需標示系統針對哪一種故障有故障安全的設計。例如系統可能在電源問題上有故障安全，但針對機械性的故障就沒有故障安全特性。

failure 有人譯爲失效，但此處使用「故障」一語。通常故障是指零件、設備或是子系統的異常狀態或是缺陷，而此異常狀態或是缺陷可能導致失效。因之，故障與失效是相同意義。

知識補充站

可靠性的發展小史

■ **第二次世界大戰是契機**

美國對於第二次世界戰爭中當時的電子裝置，特別是真空管的故障深感苦惱，乃挺身著手改善，開發了高可靠的真空管（reliable tube），此時引進了 reliability 之定義，此即為可靠性此句名詞的開始。

■ **奠下可靠性工學的基礎——50 年代**

在此年代，美國的研究委員會 AGREE（Advisory Group on Reliability of Electronic Equipment），引進系統工學的觀念，由配件至裝置、系統以一貫的可靠性結合起來，不是依賴以往的經驗與直覺，而是奠定了根據數據擬於事前保證可靠度的工學體系。1952 年開始了數據中心（Data Center）的運作，1954 年召開了最初的可靠性研討會。

■ **可靠性的發展與國際化時代——60 年代**

此年代的象徵是發起於 1961 年而於 1969 年成功到達月球表面的阿波羅計畫。在 1962 年代的美國中，可靠性／維護性會議、故障物理研討會與複聯技術有關的研討會等，不斷的召開著。

在美國國內制定了許多的美軍規範與標準，另一方面在 62 年發起了 IEC（國際電氣標準會議）的可靠性技術委員會 TC56。

■ **以可靠性應付經濟成長的改變——60 年代後半～70 年代**

在此時代裡隱藏於經濟成長之中有公害、安全性、消費者主義等之問題，在可靠性中所開發的 FMEA、FTA 等幾種技術，已用在安全性的解析上，且作為產品責任（PL）的預防手法而受到矚目。

另一方面，在電子以及太空、航空、運輸、化學廠、原子力、能源、醫用等廣範圍的領域中，也引進了 R／M 管理的想法。

■ **最近的傾向是重視與成本、維護技術的關聯**

系統有效度使之最大此種成本有效性想法的重視，與綜合設備工學技術（設備一生的綜合保證，維護技術）之關聯，預知的檢出設備之異常以謀求維護合理化，此種狀態監視維護以及預知維護技術等，已為最近發展之傾向。

Note

1.3 在可靠性／維護性中，「管理」是很重要的

■ 實現可靠性／維護性的關鍵是「可靠性管理」與「維護性管理」

爲了精心製造出具有可靠性／維護性的產品，設計與製造自然不在話下，就是包裝、保管、輸送、銷售、服務、維護等使用面，所有的部門均能均衡有系統的達成目的，這是比什麼都重要的。

譬如，爲了實現可靠性／維護性，設計部門實施高可靠性的設計是有需要的，可是，1. 到底所要求的可靠性是多少？2. 可靠性設計上所需要的數據是要由何處以何種途徑取得較好呢？可否照設計所指定的零件與配件正確的取得呢？諸如這些事項馬上就成了問題。

亦即，在一家企業之中，爲了製造出高可靠性／維護性的產品，如果沒有其他有關部門的連繫與合作，這是不可能達成的事情。

亦即，爲了能兼顧整體的立場，確保可靠性／維護性的技術得以實現，綜合的管理即顯得很重要。因此，此可稱爲「可靠性管理／維護性管理」。此也可簡稱爲「R／M 管理」。

具體言之，整個企業應一起擬定並實施可靠性計畫〔可靠性分配、複聯系（參照第 3 章）的採用與設備的診斷、修復、更新的決定、預備品數的決定、各部門的可靠性教育等〕。這是實現可靠性最有效率的方法。

可靠性與其稱之爲技術，毋寧稱之爲事前的管理，這是不無道理的。

■ 在棒球中所看到的「管理」

在以往的職業棒球中，連續 9 年達到日本第一的「川上巨人」，與達成連續 3 年日本第一的「上田阪急」，可以共同一提的是「管理」棒球。這是將棒球視爲一個系統來掌握，從固有的棒球技術到選手的私生活，爲了「優勝」的目標乃予以綜合管理，以培養出合作無間的團隊力量。

這個例子是說明除了選手個人的實力外，管理技術也是非常重要的。對於沒有「管理」全憑直覺的棒球，勝算是非常小的。

■ 應理解可靠性／維護性基本之人士

在實現可靠性／維護性方面，管理是非常重要的，已如前述，而可靠性／維護性是經由企劃、設計、製造、檢驗、維護、使用產品或設備的整個壽命週期的階段，因之其管理必須是採取綜合性的企業管理方式才行。

因此，希望了解可靠性／維護性的最基本問題，首要之人是企業的高階人士。其他，如上所述所有部門的人士的理解也是有需要的，特別是以下部門的有關人員。

1. 管理者、技術管理部門；2. 開發、設計、製造、品質保證、生產技術、QC、檢驗部門（不僅是對硬體，對軟體的理解也是有需要的）；3. 維護技術者、工機、整備部門；4. 服務工程師；5. 銷售、營業部門。

■ 可靠度工程師的職掌

1. 與研發人員針對產品品質討論其可行性。
2. 依產品種類進行可靠度調整及規劃。
3. 對設計出的產品進行可靠度測試。
4. 於量產後對產品做抽樣檢查，確保品質及產品正常。
5. 執行產品可靠度測試與問題分析。
6. 品保計畫的規劃與執行。
7. 可靠度分析報告撰寫與彙整。
8. 客戶服務品保程序規劃。
9. 資料蒐集、匯整與分析能力。
10. 原料及產品品質管制監控。
11. 生產程序改良與開發。
12. 材料分析研究與評估測試。
13. 熟悉量化方法。

希望了解可靠性／維護性的最基本問題，首要之人是企業的高階人士。

可靠性是在所給予的條件中發揮規定期間中所要求的機能，若是指機率稱爲**可靠度**。英文均稱爲 reliability。

維護性是指能修理的設備，在已知的條件中所要求的期間中完成維護的能力，若是指機率稱爲**維護度**。英文均稱爲 maintainability。

可用度是指在規定的瞬間維持機能的機率。英文稱之爲 availability。

請好好理解這些用語的意義。

1.4 可靠性管理／維護性管理為何重要

前面是說明可靠性／維護性是什麼，想必大概都知道了吧！那麼爲什麼可靠性／維護性是需要的呢？此處擬就此加以歸納說明。

■ 產品複雜化，不可靠的要因即增大

1. 產品愈複雜故障的機會即增加

以目前的手機、電腦或較小的裝置或元件來想，提高機能的另一面，其零件數有愈發增多的傾向，使用 10^6～10^7 個毫不足奇。其最好例子是 1969 年搭載人到達月球表面的阿波羅太空船，它的零件數有 710 萬個。

像這樣，系統或機器一旦變得複雜，自然而然故障的機會也成比例的增大起來。

2. 硬體變得複雜，其他之複雜化要因也會增加

系統或裝置愈大，所牽涉的技術領域也愈多，所花的開發時間也多，人的組織也變大，很多方面的複雜性，均隨之增大。

譬如，以硬體來說，機械系與電氣系的失誤匹配（miss matching），硬體與軟體的不一致，人與機械欠缺適合性，或者製造者與使用者、總公司與關聯公司、中心工廠與外包工廠等之差距，而有增大不可靠的要因存在。

3. 不可忽視的「人爲疏忽」

雖然「物品」原本安然無恙，可是卻由於人安裝了異品，或按下不對的按鈕，或忘了上緊螺帽等，有此種屬於人爲初步的失誤所造成的故障。並且，人們所製作出來的軟體（使用說明書、規範、維護、服務手冊、電腦程式等）的失誤也不容忽視。像看不懂使用說明書因而造成故障此種極端的情形也是有的。

4. 管理不佳的例子——因火災造成燒死事故

像火災所造成的燒死事故，可以說是管理不佳所造成事故的典型例子。

於從事設計之時，是否設想過會發生何種之事故，而對安全性付諸考慮或進行了預測呢？像火災報知機、電梯、滅火器、緊急門、繩梯、救命器具等之日常管理是由誰負責呢？此等諸多問題均必須提示出來才行。

像緊急門的鑰匙擺著不管、避難通路堆積著東西、報知機的電源切掉等事例，可以說都是處於可靠性／維護性未知的狀態。由於直接關係著人命，這些例子均是告知我們管理是如何的重要。

■ 雖然是受時間與成本的限制，但危險預測技術的高度化是被要求的

爲了實現所要求的機能與可靠度，不管投入多少時間、成本、人員均在所不惜，這在實際的經濟活動中是不可能的事。

儘可能在低成本、短期間裡開發出高機能，且輕量、小量、長壽命、免維護的物品出來，換句話說，必須在矛盾之中製造物品出來。

而且，在一個時代之前，只要根據以往所儲存的技術，基於過去的數據慢慢的進行改善亦無不可，可是今天最新的技術層出不窮，如果無法贏取對手，就無法生存。

在此種嚴苛的時間與成本甚至資源的限制中，稍一不注意，即不得不使用未經評估

的材料與設計方法，這對以後即會造成致命的缺陷。

在此種條件下，如何以最短的時間預測可能發生的危險，經由最少的事前評估與測試，製造出安全性高的產品出來呢？在哪一個時點即可全然制止呢？這些均是對 R／M 技術所賦予的甚大使命。

■ 產品如無可靠性，就會喪失公司的信用

如果產品不可靠，而有致命的缺陷時，製造廠商的信用即會喪失，不用說對企業經營也有面臨危機之虞。

要得到人們的信用是要花一段長時間，相反的喪失信用是不須多少工夫的。可靠性也可以說是完全相同的。

■ 為了防止產品責任（PL），可靠性也是很重要的

如果產品或系統的不可靠而會對消費者造成危險時，說不定會捲入損害賠償的訴訟之中。此與前項的意義相同，不僅是企業也是社會的損失，有時還會牽連到國家的信譽受損。

爲了不被追究產品責任（product liability，簡稱 PL），可靠性無論如何是不可欠缺的。

■ 贏得國際競爭的條件——可靠性

僅以低廉的用人費來支撐的產品（譬如纖維產品等），市場早晚會被開發中國家奪去。

相對的，早期日本的電視在外國受到好評，除成本低之外，故障率比其他國家的產品低一位數字的實績，已受到大家的公認。

比之於價格，擁有更高可靠性／維護性的產品，亦即成本績效（cost performance）高的產品，可以在國際競爭中取勝，如此說一點也不過言。

知識補充站

何謂品質與可靠度？

你知道「品質（quality）」與「可靠度（reliability）」有何不同嗎？這兩個名詞常常被大多數的人混淆，但如果細究，其實兩者的本質並不太相同。你知道如何區分「品質」與「可靠度」嗎？兩者的差異又是什麼呢？

「品質」一詞基本上應該是一種可以滿足人們對產品或事物的期待，甚至超出人們對它的預期，或滿意度高出其他同類型的相同產品。根據克勞斯比的說法，品質的定義是符合標準，標準的建構來自顧客的需求及公司全體員工的智慧。又，根據費根堡的說法，品質係產品在市場、工程、製造及維護上的綜合特性，透過其使用可以滿足顧客的需求和期望。

反觀「可靠度（reliability）」這個觀念，它應該有時間上的考量，它通常泛指於一定的使用環境條件（溫度、濕度、油氣、鹽度）或時間條件限制下，產品或服務可以達到所要求的功能標準。簡單的來說「可靠度」是一個產品或服務在要求壽命或週期中功能是否可以正常運作，故可靠度的高低，將影響客戶對商品或服務的品質滿意度，再則可靠度是相當重視產品壽命週期的保證。

1.5 在可靠性／維護性中成本也是很重要的

■ 可靠性／維護性與成本的關係

不管是哪一種的系統、設備或產品，不計成本的設計是不可能有的。

不管花多少錢均在所不惜，把合算與否置之度外，非得作出可靠性／維護性高的產品不可，此事在實際的企業活動中是不可能的。

亦即，談到可靠性／維護性，也是要求最高的經濟效益的。為了易於了解起見，以概念圖說明，即如圖 1.1。

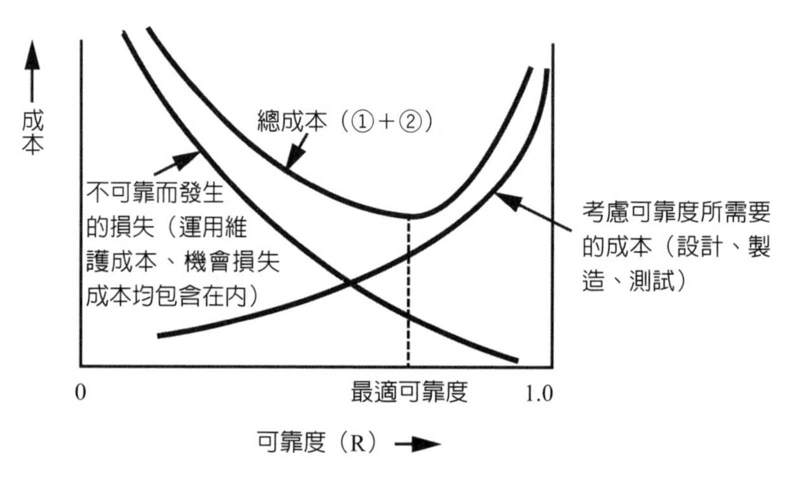

圖 1.1 總成本最低時之最適可靠度

此圖的①、②，是系統或裝置為了考慮可靠度、維護度所需要的成本（開發、設計、製造等，由產品的壽命週期來看，是初期階段所需要的）以及損失費用（裝置的運送費、維護費、故障造成損失之合計），這些分別依可靠度的大小而呈現某種程度的變化。

如果可靠度低的話，①的成本少即可解決，而②的損失就會變得很大。反之可靠度使之近乎 1（完美）時，②的損失變少，而①的成本就會變得很大了。

因之，可靠度當然是在 0 與 1 之間的適當地方來設定。那麼什麼地方是最適當，此即是①與②的金額合計後總成本最低的地方。又，此處是以可靠度為例，而維護度的情形也是與此相同，可以決定出最適切的維護度。

照這樣，有了最適切的 R 與 M，然後才從事設計是最上策的，可是，與電算機的計算不同，實際上是無法如此簡單找出高明方法的。因之，辛辛苦苦一點一滴的技術儲存與成本有關的數據，比什麼都需要。

■「成本有效度」的觀念

由以上所敘述的成本觀點，導出了成本有效度（cost effectiveness, CE）的概念。這是考慮系統或裝置在壽命週期（由開發到廢棄爲止的整個階段及其期間，換句話說，即爲系統或裝置的「一生」）期間的投資與所發生的費用，儘可能最有效率的投資，以最小的「壽命週期成本」（life cycle cost：一生之間所花的成本）達成系統的最大目標。

具體來說，成本有效度要如何表現才好呢（以式子表示）？此可以使用壽命週期成本（LCC）的系統有效度（system effectiveness, SE）來表示。亦即：

$$\text{成本有效度（CE）} = \frac{\text{系統有效度（SE）}}{\text{壽命週期成本（LCC）}}$$

所謂系統有效度是指包含對象所要求的R／M、能力、生產力等綜合品質者，CNS中定義如下。

> **◆可靠度用語**
>
> 系統有效度：這是系統達成規定的使命時所能期待良好的尺度，可以使用可靠度、可用度及能力的函數來表示。
>
> 成本有效度：以系統的壽命週期內的總費用除系統有效度後所得之値。

以上歸納之後，從可靠性、可用性及成本兩面來想，「使成本有效度最大」的想法知是最基本且是重要的。

■成本有效度簡單來說就是「賺錢的程度」

到前項爲止，都是對成本有效度或系統有效度加以說明，這些名詞也有聽不慣的，也許令人感到有些艱深，可是並非談什麼特別大不了的事情。

亦即，從生產的立場來說，系統的有效度可以說是會反映到企業的賺錢上的。

因此，此若以金錢來衡量時，成本有效度可以如下式子來表示。

$$\text{成本有效度} = \frac{\text{利潤}}{\text{投入成本（LCC）}}$$

所以，增大成本有效度一事，理所當然指的是儘量減少成本提高利潤之謂。

■ 除成本外也要保持均衡——權衡

可靠性必須雖然是要考慮與成本保持均衡而後決定其可靠度，可是，除此以外應保持均衡的對象仍有幾個。

由使用的立場來想有性能、使用容易性及設計等，由生產的立場來想有生產性，又由銷售的立場來想有市場性等，必須使產品的品質保持均衡才行。保持此種之均衡即稱之爲權衡（trade-off）。

trade-off 在經濟學上常被譯爲「抵換」，它的意思與中文的「取捨」很接近，「取捨」是「要或不要」，「權衡」則有調整的空間。所以權衡之下，做出取捨。

知識補充站

可靠度的緣起是在第二次世界大戰真空管發生故障的故事。美國轟炸機飛行在南太平洋上空失蹤的事件，據調查乃因轟炸機的真空管雖已通過嚴格品管（good quality），卻仍發生故障。於是，美國國防部的人員開始思考，必定有某種原因。此「原因」就是不發生故障（failure-free）的特性——可靠性。後來，這特性能以成功的機率或壽命來量化表示數值，就是可靠度（reliability）了。可靠度工程與管理技術的內涵是「使產品在一定的時間內與既定的環境條件下，發揮所需要的功能」及「促使產品不發生故障與避免失效或即時偵測與維修」的工作。可靠度討論此產品在一定的時間內故障多少次（how frequently failure, MTBF）或此產品一定時間內故障之機率（probability）。

Note

1.6 在可靠性／維護性中「預測技術」決定勝負

■ 預測技術決定勝負

前面曾提及過，擁有能滿足對品質所要求的可靠性／維護性，而且，如前節所述，也要生產出能與成本取得均衡的產品，這種要求是互相矛盾的。

因爲，即使充分實證了可靠度、維護度，且也蒐集了有關成本的數據，可是「時間」與「多數的數據」是需要的。而且，處於像目前技術進步一日千里的時代，過去的數據馬上就變得不能用了。

亦即，在此種狀況下，不管可靠性、維護性、成本也好，預測技術的有無、好壞已成了勝負的關鍵。

■ 預測技術的基本——有計畫的數據蒐集與解析

預測由於不是占卦，因之預測的基礎此即現在與過去的數據當然是需要的。而且，數據並非漫不經心的蒐集，有計畫、有系統的蒐集是很重要的。

並且，爲了能作爲「下一次」的判斷，數據要加以解析。解析這句話，由於主要是用於數學上，也許難免有人感到艱難，用極普通的話來說，是指「把事物加以細分，在理論上加以研究」。

亦即，說得更粗淺些，是指從所蒐集的數據中來掌握一些傾向。所以，求出極爲單純的平均值，自然也是包含在廣義的解析之中（亦即，請不要過分誇大解析這句話）。由此事看來，在可靠性／維護性之中，統計、機率的想法就顯得很重要了。

總之，經由數據的蒐集解析、累積有關故障的基礎資訊，乃是可靠性／維護性的實務基礎，此項事情務請好好認識，這些之具體處理於本書第 3 篇時再行說明。

知識補充站

預測技術（forecasting techniques）指人們運用現代科學技術手段，事先依據一定方法，對自己的活動可能產生的後果及客觀事物的發展趨勢做出的科學分析。預測技術可分為兩大類，如下：

數量分析

即利用統計資料，藉助數學工具，分析因果關係，進行預測。數量分析預測具體方法很多，如趨勢外推法和迴歸分析法等。趨勢外推法即時間序列分析法，它是根據歷史和現有的資料推測發展趨勢，從而分析出事物未來的發展情況的。它把在一定條件下出現的事件按時間順序加以排列，通過趨勢外推的數學模型預測未來。時間序列就是把統計資料按發生的時間先後進行排列所得到的一連串數字。時序分析是研究預測目標與時間過程之間的演變關係。因此它是一種定時的預測技術。迴歸分析法是從事物變化的因果關係出發來進行預測。迴歸分析也稱相關分析，是研究引起未來變化的各種客觀因素的相互作用、指出各種客觀因素與未來狀態之間統計關係的方法。

定性判斷

在沒有較充分的數據可利用時，只能憑藉直觀材料，依靠個人經驗和分析能力進行邏輯判斷，對未來做出預測，即為定性判斷預測技術。

1.7 「固有的可靠性／維護性」與「使用的可靠性／維護性」

■製造者的固有可靠性／維護性；使用者的使用可靠性／維護性

對於產品或系統之整個壽命週期的可靠性／維護性，爲了方便說明起見，分成以下兩方面來想，亦即製造面的立場（譬如廠商面、設計與製造面），與使用面的立場（使用者面、使用與維護面），有時較爲合適。

此時，由前者的一方來看的可靠性稱爲「固有的可靠性」（inherent reliability），後者稱爲「使用的可靠性」（use reliability）。

由產品或設備的壽命週期來看時，歷經開發、設計、製造、使用、維護、服務等階段到廢棄爲止，如果有哪一個地方發生缺陷或不當，即會阻害可靠性／維護性。

因此，整個壽命週期的「運用可靠性／維護性」（或稱「動作可靠性／維護性」）（operational reliability／maintainability），此兩者如果不能順利進行即無法得到保證。特別是固有的可靠性／維護性不高時，在使用的可靠性／維護性面上不管多麼努力，仍是無法達成R／M的。設備之固有可靠性／維護性與使用的可靠性／維護性，其內容分別說明如下。

動作可靠性／維護性 （運用可靠性／維護性）	固有的可靠性／維護性──開發、配件材料的選擇、設計、設計審查、試驗、製造、檢查、篩選、技能水準、現場數據的回饋。 使用的可靠性／維護性──使用環境、操作處理、預備品、維護、故障檢知、診斷技術、服務、數據蒐集等。

■置入固有的可靠性／維護性的重點

考慮固有的可靠性／維護性時，特別是新開發時，重要性都擺在開發、研究、設計階段裡的事前解析、預測、設計審查、試驗等。圖 1.2 是美國福特汽車公司的可靠性保證計畫的流程，由此圖知重點是要擺在固有的可靠性／維護性之上。

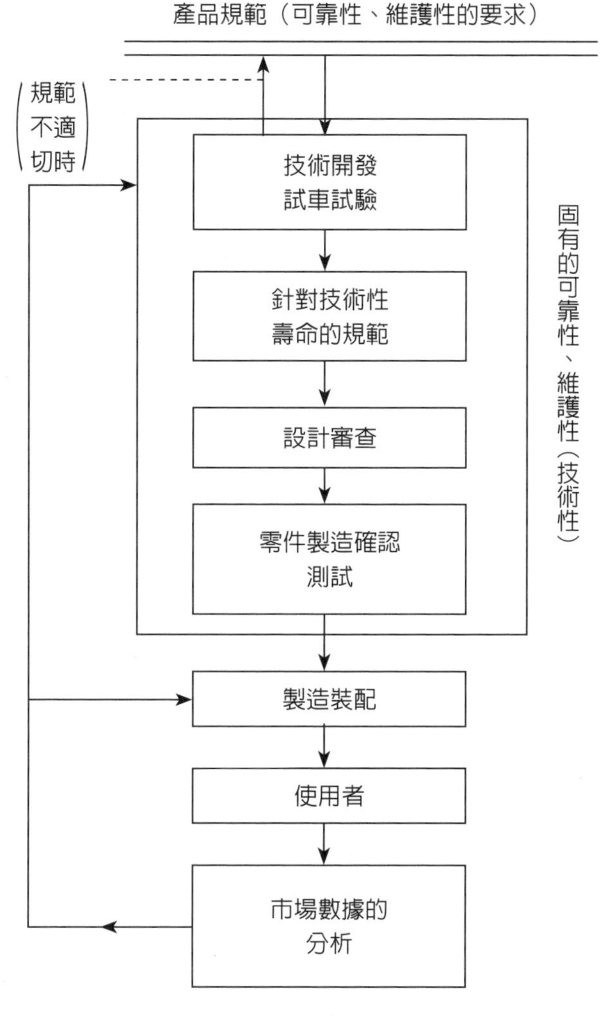

圖 1.2　美國福特公司在可靠性、維護性的保證計畫

相對的，像是所製造的產品或操作中的設備等，其產品或設備的品質已經安定時，像是品質的維持、變更管理〔設計變更、材料變更、工程設計的變更、人員的變更、試驗（檢查、維護）方式的變更、轉包的變更、報告（解析）方法的變更等是否導致缺陷的發生，要事前評價、認定〕、使用時的數據蒐集解析、回饋等受到重視。

而且，這些依對象而有所不同，像是單純的配件、材料的情形，或是複雜的硬體、軟體以及由人的要素構成系統之開發、設計之情形等，方法與規模均有相當的不同。

另一方面，使用的可靠性／維護性以使用者一方來說，具有許多的工作，像使用方法、環境條件、維護方法、維護技術的提高、診斷、故障預知技術的改善、數據的蒐集與解析、利用固有的可靠性技術變更來改善等。

■「固有」與「使用」有密切關係

很顯然的，「固有」與「使用」的可靠性／維護性有著密切的關係。於固有的階段有需要考慮到最終的使用面，然後才決定目標，並予以計畫及製造，而且必須賦予高於目標以上的可靠性／維護性。此在廠商的自主開發也好，使用者開發製作也好（使用者爲政府或公營企業時，產品爲通信、運輸、航空、製造工廠等之時），均是相同的。

在本章的一開頭曾有過敘述，並非產品製造出來發生了故障以後才考慮種種，而是要在開發、設計時，即先想到發生故障的情形而後製造出 R／M，此乃是第一要務。

知識補充站

什麼是設計思維？

Tim Brown 在 2008 年的哈佛企管評論，提出了所謂「設計思維」（design thinking）的看法，主張人們應該用設計師的思維來發展產品服務與流程，一夕之間，設計思維成為創新的代名詞，也成為另一個模糊的專有名詞。

什麼是設計思維呢？其實設計思維也不是什麼新觀念，過去工程思維強調的是藉由市場調查客戶需求，再由工程師把產品設計製造出來，工程師強調的是「可靠度」（reliability），也就是東西能夠用很久也不會壞。

在人類社會中有一群異想天開人，他們可以不吃不睡，整天在想一件事情，於是許多產品是用想出來的，所以工程師製作出來的通常是邏輯正常，但不見得能被使用的產品。一個不好使用的產品，又不會壞（可靠度高），對使用者真是一種折磨。

Tim Brown 舉了愛迪生發明電燈的例子。電燈是一個單獨的創新，但是電燈要能夠「用」，必須還要發明穩定的供電系統，當愛迪生能夠用「用」的角度來思考電燈的發明，就是一種設計思維。此即為可用度（availability）的概念。

Note

1.8 可靠性／維護性是透過「人、組織、技術力的總合」才能實現

■人

生產出高的可靠性／維護性，且有國際競爭力的產品，說穿了人的功勞最大。而依賴人的能力與士氣的地方是很明顯的。

國人的技術以往能如此成長，乃是國人的「可靠性」很高是最大的要素。

■組織

可是不管人是多麼的優秀，仍須重視人與人之間的連繫，只要它不能有組織的發揮出來，也就無法生產出好的產品與系統來的。

■技術力

可靠性／維護性不用說必須在機械、電氣、物理、化學之固有技術上紮好基礎才行。並不只是機率、統計或數字的遊戲而已。

並且支持美國的可靠性／維護性技術的一個原動力，可以說是由探究故障原因之「故障物理（physics of failure）」的研究，將這些資訊以工學的方式活用在實際的技術上之資料庫（data bank），以及故障預知、除去技術等集大成而來。

註：故障物理是指追尋組件或零件故障的起因，即追尋故障原理工作的總稱。爲了查明故障原理，要進行故障分析、調查現象、建立故障發生過程的模型等工作，然後根據故障再現的證明，確定防止故障和劣化的方法。

■阿波羅13號的事故——由「奇蹟生還」所獲得的教訓

1969 年 11 月 21 日，美國經由阿波羅 11 號首次完成人類登陸月球的創舉。此後數年以登陸新的月球表面爲目標，阿波羅 13 號由三位太空人搭乘，由甘迺迪基地發射。可是由地球飛行到月球的 2／3 距離中，突然機械船（阿波羅是由機械船、指揮船、登陸船三部組合而成）的液體空氣槽發生爆發，機械陷於不能操作的狀態。

這可以說是與引擎壞了的汽車是相同的狀態，在茫然的太空中三位太空人的性命危在旦夕。此時在 NASA（美國國家航空暨太空總署）方面，對三位太空人嚴格禁止任意的行動，一切遵守由地球上來的指令行動。同時在 NASA 方面，於 NASA 指揮部內重現出三人被擱置的全然相同的狀態，儼如親眼所見一般，用盡智慧找出脫險的方法。

結果，想到了利用登陸月球的逆噴射，繞月球一周步入地球中的軌道，除去船內所充滿的二氧化碳等，突破許多的難關，安全返回地球，此舉終於獲得了成功。

此種充滿戲劇性的「奇蹟生還」，除了給許多人有諸多的感動之外，對 NASA 的偉大也印象深刻。

可是問題是機械船發生爆發的理由。控制槽溫度的自動調溫器（thermostat），電壓已改爲 60V，而自動調溫器的容許電壓卻僅僅是 26V，結果產生火花誘發了爆炸一事。

爲何僅僅是 26V 的容許値呢？把最初以 26V 所設計的產品基於「提高可靠性起見」而變更成 60V。可是，此變更後的資訊，並未傳到自動調溫器的製造技術者那兒。此事即爲理由所在。在前面敘述過的變更管理（參照第 3 章）並不很理想。

此後在 NASA 方面，爲了避免過分要求完美反而產生不可靠的事態，訂立了縱然目標並非完好，仍要在所規定的目標之中寄望周全之方針。

■「人、技術力的總合」是可靠性／維護性管理的生命

在極爲精緻的 NASA 的組織裡，發生了「設計變更並未通知製造承擔者」此種令人無法相信的事態，由此可知「組織」是多麼的重要。

所謂可靠性／維護性管理，確實是一種結合人的意志，有效的將技術力予以總合化，使產品或系統發揮出確實的可靠性／維護性之有組織的活動。

此與品質管理所說的 TQC（total quality control，全面的品質管制），工廠工程的領域所說的 TPM（total productive maintenance，總合的生產維護）的想法是相通的（此時的 TPM 可以認爲是廣義的 total productive management）。

知識補充站

TPM 最早產生於美國的 PM（生產維護），由於生產過程機械化和自動化水平提高，事後維護無法滿足生產需求，促使美國企業實行了預防維護，之後美國通用電氣公司和杜邦公司又經過改革發展成為生產維護（PM）。1951 年引入日本，經日本企業界的改造和在實踐中不斷摸索，於 1981 年形成了全公司的 TPM（全員生產性維護），並在日本取得巨大成功，隨之在世界各地實施開來。

TPM 是以設備綜合效率最大化為目標，以維修預防、改善維修、預防維修和事後維修綜合構成的生產維修為總運行體制，由設備的全程管理部門、使用、維修等所有有關人員，從最高經營管理者到第一線作業人員全體參與，以自主的小組活動來推行生產維修，使損失最小化，效益最大化的活動。

1.9 可靠性／維護性是綜合工學

由前面敘述的事情來看，想必可知可靠性／維護性是由許多的技術領域組合而成的一門總合工學，然而它與哪一技術領域的關聯較深呢？此處予以整理說明。

■ **可靠性／維護性的關聯技術領域**

第一，依存最大的是機械、電氣、物理、化學等之固有技術。

其他，若由軟體的可靠性之立場來看，係與資訊工學、電腦、資料處理有關，又可靠度、維護度由客觀的機率予以定義一事來看，係與機率、統計、應用機率論、作業研究（OR）、系統工學、經營工學（IE）、品質管理等有著密切的關聯。

此外，從硬體之故障原因的立場來看，與故障科學（即故障物理）、故障檢出、解析、診斷技術、材料科學、環境工學、環境計測、非破壞檢查、設備安裝工學（plant engineering）、設備綜合工學（terotechnology）等，以及評價系統、設備壽命週期成本之工程經濟，還有從人的可靠度立場來看的人因工程等，有著密切的關聯。

知識補充站

CNS可靠度詞彙

CNS 11381 系列 CNS 可靠度詞彙國家標準包括：

CNS 11381：1985【可靠度詞彙（一般詞彙）】，18 則名詞與定義。

CNS 11381-1：1985【可靠度詞彙（有關故障之詞彙）】，26 則名詞與定義。

CNS 11381-2：1985【可靠度詞彙（有關維護度之詞彙）】，9 則名詞與定義。

CNS 11381-3：1985【可靠度詞彙（有關設計之詞彙）】，21 則名詞與定義。

CNS 11381-4：1985【可靠度詞彙（有關試驗之詞彙）】，23 則名詞與定義。

CNS 11381-5：1985【可靠度詞彙（有關時間之詞彙）】，27 則名詞與定義。

CNS 11381-6：1985【可靠度詞彙（有關管理與分布之詞彙）】，12 則名詞與定義。

根據國家標準（CNS）網路服務系統顯示，CNS 11381 現行標準為 1985 年公布的 CNS 11381：1985，並於 2017 年 7 月 27 日經國家標準審查委員會確認為有效的國家標準。

第2章 可靠性／維護性中不可欠缺的故障看法與想法

在第 1 章中曾敘述過有關 R／M 觀念的概要，為了推進可靠性／維護性管理，對於定量表示「可靠性／維護性」的「可靠度／維護度」，它究竟是什麼？仍需使之明確才行。

可靠度／維護度是利用以下之尺度來表示，譬如，機率、平均壽命時間、平均修理時間等（亦即客觀掌握可靠性／維護性的指標）。同時，不用說，「壽命」或「修理」是取決於與系統或裝置的故障之關係來決定的。

亦即，為了學習可靠性／維護性，以基礎來說，要如何掌握故障及其評價，這些地方必須明確理解才行。

2.1 故障與三個機率R、M、A之關係

■ 可維修之修復系是使用R、M、A，非修復系是只使用R

在第 1 章的最初部分，曾敘述可靠度 R、維護度 M、可用度 A 的定義，此處不妨再回想一下（以後最好能記住）。

這些關係以圖表示即如圖 2.1。裝置或系統在無故障的狀態下操作的時間（用相反的話來說，由正常的狀態到故障的時間）設爲 t，又由故障到恢復正常狀態的時間（亦即修復時間或維護時間）設爲 τ。

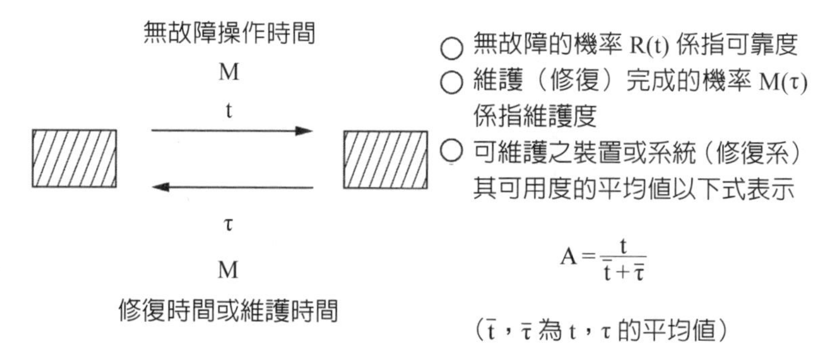

圖 2.1　基本的三個機率：可靠度、維護度、可用度

修復（維護）時間由於是休止中的時間，故使用希臘文字 τ，與 t 有所區別。

如第 1 章所述，在系統、機器或零件方面，有「修復系」與「非修復系」之分。修復系指的是發生了故障經修理之後（爲了不讓它發生故障，預防維護也是理所當然的）即可使用的裝置或設備之謂，非修復系像是無人太空船無法維護者，或是像螺帽故障的話不須維護即予以捨棄的消耗品等均是。

因此，在非修復系的情形中，只要把圖 2.1 上面的箭頭當作問題即可。亦即，只要把到故障爲止的可靠性 R 設計成合理的數値，再將它好好地製造出來。

相對的，在修復系中，上方之到故障的箭線，下方之回到正常的回復箭線，兩者即爲問題所在。

亦即，提高可靠性 R 增長 t，或提高維護性 M 縮短 τ，亦即縮短設備或裝置停機（down time，不能操作時間）時間。總而言之，即應提高可動率。此可動率使用 t 的平均值 $\bar{t}$，與 τ 的平均值 $\bar{\tau}$，以式子表示即如下式。

$$A=\frac{\bar{t}}{\bar{t}+\bar{\tau}}$$

此 A 即爲第 1 章所敘述的可用度（availability）。又，把 τ 當作「不能操作時間」（down time）來想時，相對的，t 即可說是「能操作時間」（up time）（當然，並沒

有只提高可用度即可的物品。如第 1 章所述，使成本有效度最大，即爲最終的目標，有關可用度，請參照第 4 章）。

■ 可靠度、維護度、可用度是「依時間而改變的機率」

第 1 章的補充說明雖然變得有些長，而可用度事實上即相當於可動率，此事想必已經能充分理解吧。

R、M、A 如第 1 章所述均爲機率，且因時間而改變。說明其樣子即如圖 2.2。另外，此圖（及圖 2.1）中的 R、M 由於是時間的函數，因之把可靠度記成 R(t)，維護度記成 M(τ)（基於相同的要領，可用度可表示成 A(t：τ)）。

由於是表示機率，經常使用 %，機率乃是在 0 與 1 之間變化的無次元量。

由圖 2.2(a) 可知，R(t) 爲無故障操作時間 t 之同時也是由 1（無故障）向 0 減少的函數。亦即可靠度隨著時間而減少。譬如，假定 t = 1 年爲要求操作時間的話，1 年後的可靠度在此圖中即爲 0.9。圖中點線所表示的圖形是表示不可靠度（unreliability）F(t)，有 $F(t) = 1 - R(t)$ 之關係。亦即，可靠度低的話，不可靠度即變高。

另一方面，如圖 2.2(b)，維護度 M(t) 隨著修復時間（維護時間）τ 的增大而變大。亦即，在故障發生時點 τ = 0，M(τ) 即爲 0，而隨著 τ 的進行經修復恢復正常的比率即增加。圖中是說明於 τ = 1 日僅有 0.7 修復完成。

可靠度也好、維護度也好，由於均是時間的函數，故稱 R(t) 爲可靠性函數、M(τ) 爲維護度函數。此外，可用度 A(t：τ) 利用時間之表示方法說明於第 5 節。

■ R(t)、M(τ)實際上均以「估計值」來求

圖 2.2(a)、(b) 所表示的 R(t)、M(τ) 畢竟是理論上的數值。實際上是由有限的觀測值（針對樣本的數據）求出估計值。估計值一般在記號上加入 ^（山形）寫成 $\hat{R}(t)$、$\hat{M}(t)$。

譬如，R(t) 若是「觀測 n 個樣本，至 t 小時爲止無故障且處在操作中的個數有 n(t) 個」時，直觀上，可以用殘存率 n(t)/n 來表示的。另一方面，t 小時內故障的機率亦即不可靠度是以 $\hat{F}(t)=\frac{r}{n}$ 來求得的（$r = n - n(t)$ 爲故障數）。

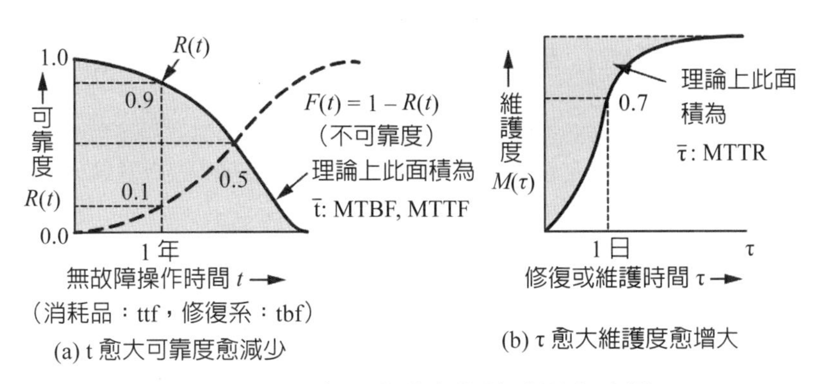

圖 2.2　可靠度、維護度均隨時間在改變

2.2 規定可靠度的五個要素

可靠度／維護度的定義已有過敘述，而實際上處理可靠度／維護度時，必須先把規定可靠度的幾個事項弄清楚才行。本節先對可靠度，下一節則對維護度，加以說明。

由前面的可靠度用語說明中，可知可靠度的定義是由五個要素所構成。

1. 對象。
2. 所要求（規定）的機能。
3. 所設定（規定）的條件。
4. 規定的期間（圖 2.1 的特定時間 t）。
5. 完成機能的機率（圖 2.1 的 R(t)）。

以下分別加以觀察。

■ 對象為何必須明確

對象有包含人在內之系統（修復系），以及非修復系也就是以消耗品來說的零件或材料，亦即，從系統的角度來看時，在所構成的要素之中位於最下位層次的簡單元件（unit）也可視爲對象。

這些由於有相互的機能上關聯，即使下位的零件故障，也並不一定馬上使上位的裝置、系統發生故障。因此，討論哪一對象的可靠度，必須要弄清楚才行。

對象又可想到有軟體（電腦程式、文件）、硬體、人之區別。

■ 所要求的機能是什麼，何謂故障

「機能的喪失」可以說是故障（failure），反過來說，那麼故障又是什麼呢？

關於故障，像人的死亡，不管誰看都知道是故障的突發性故障或破局性故障，以及像早期電視的布朗管模糊不清，由人來判斷難下斷語之劣化故障或間歇性故障等（以上各故障的定義，請參照本章後述內容）。

雖然電視看起來很吃力，但由於經濟上不充裕，只好忍耐直到領了獎金再說，像此種情形也有。並且「東西」雖未故障，但由全體來看，已喪失機能（故障）的例子也有。

可是，利用可靠度之客觀性指標來設定目標，且想要衡量裝置的滿意度時，若使用者、製造者所設定的故障定義紛歧不一，那設定或衡量就顯得沒有意義了。甚至，即使取得了數據，也無法正確予以解析且活用結果的。

■ 設定的條件

2. 的「所要求的機能（因而可靠度）」，是依存 3. 的「所設定的條件」與 4. 的「規定時間」。

亦即，即使同一產品如使用方法、環境、維護的方法不同，可靠度也就會不同。

使用環境條件〔振動、衝擊、溫度等之環境應力（稱爲外部應力）〕、負荷、荷重

等之對象的機能應力（內部應力，僅僅是設備操動上發生的應力）、維護方法等如不明確的話，即無法客觀掌握可靠度，數據也變得毫無意義的數值（應力的詳細說明，請參照第 2 章後述）。

■規定的期間

裝置的可靠度不僅與它所使用（也包含放置）的條件，就是與它的期間也有關係。此期間是以時間（年齡）、距離、次數、週期數等來衡量。圖 2.2(a) 的 t = 1 年即相當於此。

可是，即使是相同的時間，也要弄清楚是實動時間呢？或是包含閒置的曆日時間呢？

像飛機或汽車，距離就比時間好，副翼或腳輪或機門則以次數（著陸次數）較合適。特別是引擎以距離表示可靠度亦被認爲較好，但由於離陸時間雖短負荷卻很大，因之光是距離是不夠的。

又像電子裝置等，每次開關動作的故障率比每小時的故障率，在數據上可看出有 6 倍之大。

由以上事情知，3. 的條件與 4. 的期間，原本是無法分開討論的。

■機率

有關機率，想來無須再加以說明的必要。弄清楚上記 2.～4. 之後觀測多數的對象，將其結果以達成機能的比率（1.0～0 之間的數值）來掌握。

可是，像阿波羅僅只一台由於無法多數觀測，此時所採取的手段是把構成阿波羅分成幾個部分要素，根據這些與整體的機能上關係，將部分的可靠度予以合成。

又，對於試作品或僅只一台的裝置來說，機率雖然無法衡量，但可用後述的方法，像監視使用中的產品的特性值是如何隨時間改變，或觀測每小時的故障發生率（故障率）或由此次故障到下次故障的時間（稱之爲 tbf），即可掌握該對象的可靠性。

2.3 維護的三要素

■ 維護度也要明確「條件」與「期間」

維護度指的是表示維護容易性之客觀指標，與前節所敘述的可靠度相同，可以定義爲在「所給予的條件」，「所要求的時期」之條件下，完成維護（並不一定是事後維護）的機率（參 CNS 可靠度用語）。

特別是其中的「所給予的條件」，不用說是與維護技術者的熱練度、維護方法、備件的補給體制（logistics）有著密切的關聯。

當然在第 1 章也有過敘述，在複雜的設備或系統裡，從最初起即採取監視維護（monitored maintenance）、自動預防維護（automatic preventive maintenance, APM）方式等，並採取容易檢出故障、容易修復故障的設計至爲重要。

■ 維護的三要素──維護性設計、維護技術者、維護系統

將以上所敘述的加以歸納整理，在維護性方面以下三種可以稱之爲維護的三要素。

1. 由維護性設計來看，必須是故障檢出、診斷容易、修復容易的設計。
2. 提高維護技術人員的技術水準。
3. 維護設施、支援系統、補給系統優越（試驗裝置、工具備件、服務卡等均包含在此要素中）。

此三要素如比喻成醫療時，2. 相當於醫師，3. 相當於病院、急救系統的優劣。

爲了能提高維護性，要調查修復所需要之時間 τ 的內容，且要了解三要素中之何者是阻害原因，這是非常重要的。

對於產品來說，維護性設計、維護技術人員、維護系統是維護的三要素！
附帶一提，維護忠誠客户的三要素則是用情、用心、用禮。

Note

2.4 用時間來衡量的可靠性／維護性(1)

圖 2.1 雖然是對無故障操作時間加以敘述，可是在修復系與非修復系的情形中，時間的概念應該是不同的。並且，對於修復（維護）時間 τ，具體言之是指何種維護呢？也一併說明。

■ 無故障操作時間 t 在修復系中是「tbf」，在非修復系中是「ttf」

像非修復系的消耗品（配件），由於故障之後無法再行使用，因之無故障操作時間，亦即指的是該零件的壽命。

亦即，問題在於到故障爲止的時間（time to failure），此一般取英文的第一個字母，稱之爲 ttf。

另一方面，像裝置之類的修復系，即使其中的一部分發生了故障，修復之後仍可再行使用，因之問題是此次故障到下次故障爲止的故障間隔（time between failures）。此一般取英文第一個字母稱之爲 tbf，此時 f 爲複數的 failures。

■ 修復時間 τ 在狹義上是指事後維護時間「ttr」

以修復（維護）時間 τ 來說，想來有不能操作時間（down time）、維護時間等，但在最狹義方面，討論與裝置固有之維護性（診斷容易性、交換容易性）有關的修復時間，即可想成是事後維護時間。此也取英文的第一個字母，稱之爲 ttr（time to repair）（可參後述圖 2.5 說明）。

■ 平均值是以大寫記成MTTF、MTBF、MTTR

對於作爲上述的實際數據 t（ttf、tbf）及 τ（ttr）的平均來說，被估計的理論上的平均值亦即 $\bar{t}$、$\bar{\tau}$，是以第一個字母加上 M（mean），並以大寫分別表示成 MTTF（到故障爲止的平均時間）、MTBF（平均故障間隔）、MTTR（平均修復時間）來表示。

◆ 可靠度用語

1. MTTF（mean time to failure，至故障的平均時間）：非修復系、機器、零件等到故障爲止之操作時間的平均值。
2. MTBF（mean time between failures，平均故障間隔）：經修理後即可使用的系統、機器、零件等相鄰故障之間的操作時間的平均值。
3. MTTR（mean time to repair，平均修理時間）：事後維護所需時間之平均值。

■ 實際數據與理論值、估計值

前面所述之 tbf 以小寫所表示之時間，是實際所觀測的一種變量的時間。

相對的，以大寫 MTBF 表示之平均時間，可視爲理論值的眞正平均值（爲了與實際所觀測的時間有所區別，不記成 mtbf，而以大寫來表示）。

像圖 2.2(a) 的 R(t) 所圍成的面積即爲 MTBF、MTTF，(b) 之上側 τ(t) 所圍成的面積即爲 MTTR。

然而，實際上以有限之數值所求之估計值作爲平均，由於與眞正的理論值並不一定一致，故在上方加上山形記號表示成 $\widehat{\mathrm{MTTF}}$、$\widehat{\mathrm{MTBF}}$、$\widehat{\mathrm{MTTR}}$，嚴格來說算是正確的方法。

可是，理論值的 MTBF，與估計值的 $\widehat{\mathrm{MTBF}}$，區別並不大，故將兩者均稱爲 MTBF。

以上的概念，整理在圖 2.3、圖 2.4 中。

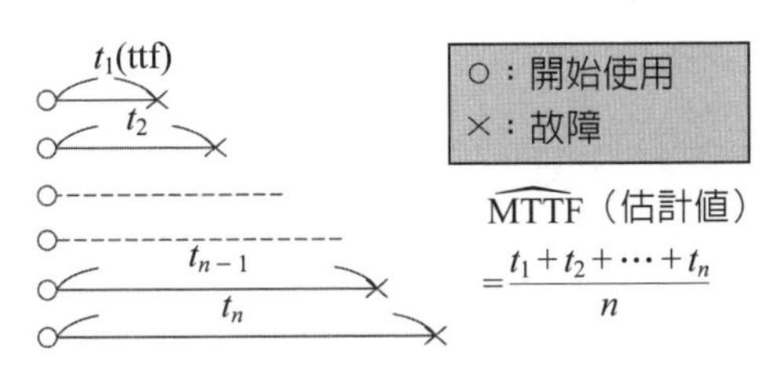

★t 是 ttf（time to failure：至故障的時間）

★修復系時以 t 來說使用 tbf（time between failures：故障間隔時間）

圖 2.3　非修復系的 ttf 與 MTTF

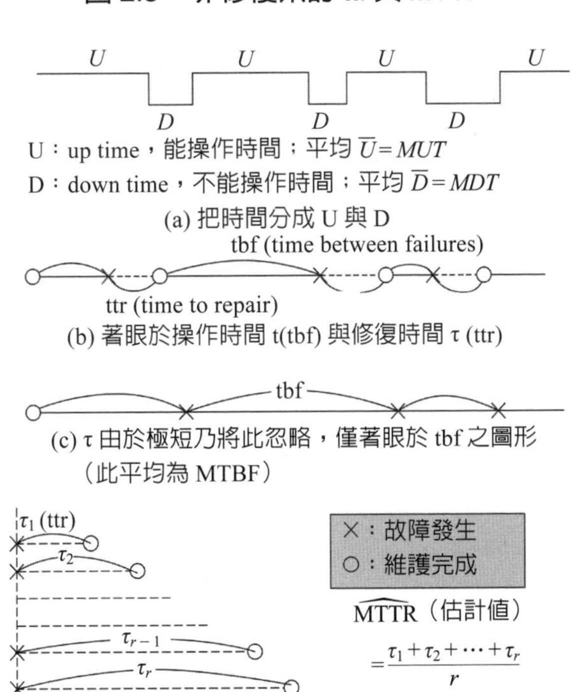

(a) 把時間分成 U 與 D

(b) 著眼於操作時間 t(tbf) 與修復時間 τ (ttr)

(c) τ 由於極短乃將此忽略，僅著眼於 tbf 之圖形（此平均為 MTBF）

(d) 僅取出事後維護時間 τ (ttr)，按順序所排列的圖形

圖 2.4　修復系的 tbf、ttr 與 MTBF、MTTR

2.5 用時間來衡量的可靠性／維護性(2)

■ 裝置之維護時間的分類

在修復系的裝置中，原理上若延長 t 之 tbf，並縮短 τ 之 ttr 的話，由前面的式子知，應可謀求 A 的增加，因之，如何把時間加以分類即爲問題所在。

此分類千篇一律是有困難的，但根據 MIL-STD-721B 或 IECR／M 委員會 TC 56 所決定的文件等之想法，說明其一例時，即如圖 2.5。

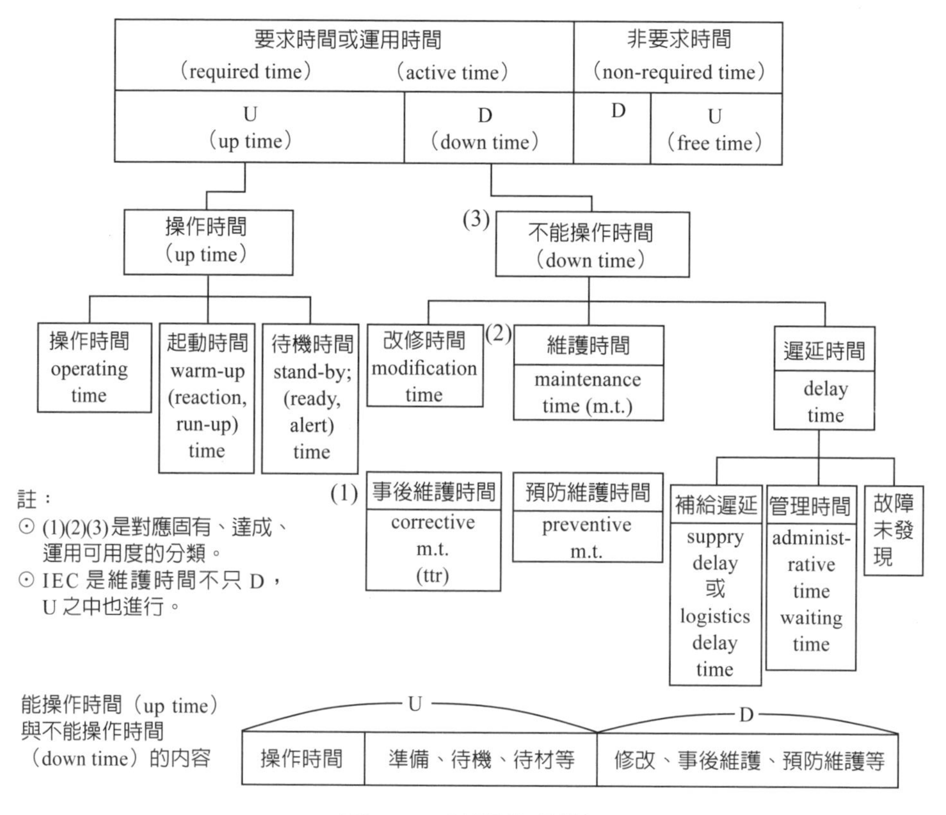

圖 2.5 時間的分類

首先，所有的時間，依設備或系統是否要求動作，可分爲要求時間（也稱爲操作時間、負荷時間）與非要求時間。並且每一個可分成 U（up time）與 D（down time）。

要求時間內之 D，如圖可分爲修改時間、維護時間、遲延時間，維護時間可分爲事後維護時間（ttr）與預防維護時間。

遲延時間的一部分的「管理時間」，名稱雖很特別，然而即爲打電話、上洗手間之類的時間。

在複雜的系統中，由於經常是二重系的複聯方式（參第 3 章），如果把停線（off line）的元件（unit）用於預防維護時，系統就不會停機。

另外監視維護的時間，特別是經常監視動作中的狀態此種情形，即無法區別爲維護時間與操作時間。

總之，爲了改善設備，必須明確對象，弄清故障的定義之後，按與停機有關的時間要素別來解析原因是不可欠缺的工作。

■ IEC（國際電氣標準會議）關於時間的規定

在 IECTC 56 中把非要求時間中的 U 稱爲空閒時間（free time）。

以及，等待補給時間與維護時間不區分，分別包含在 CM、PM 之中，譬如，事後維護時間 = 實修理時間（active repair time）+ 補給等候時間（logistics delay time）。

此外，U 是由操作時間（包含啓動時間）與待機時間所構成，特別是維護時間如圖 2.5 不單是包含在 D 之中，U 的一部分也可想成是用於維護時間。

知識補充站

國際電工委員會（International Electrotechnical Commission, IEC）於 1906 年在英國倫敦正式成立，已經有超過百年歷史，是世界上最早的國際性電工標準化機構，初期總部位於倫敦，在 1948 年時，才將總部遷至目前的日內瓦。1947 年國際標準組織（ISO）成立後，IEC 便與 ISO 合作，根據 1976 年 ISO 與 IEC 的協議，將電工、電子領域之國際標準化工作，規劃由 IEC 負責，其他領域的國際標準化工作，則由 ISO 負責，二者皆保持行政與財務上的獨立性。IEC 是目前在電子、電機相關領域之國際標準發展，居領導地位的國際性標準發展組織，其領域範圍包含電子工程、電磁、多媒體、電訊、能源製造與傳送，及相關的一般性原則。

IEC 的組織目標分述如下：

1. 有效率地符合全球性市場之需求。
2. 確保其標準與符合性評鑑制度在全球之廣泛使用。
3. 評估與改進其標準所涵蓋的產品和服務之品質。
4. 創造複雜系統可相互操作的環境。
5. 提高產業操作過程之效率。
6. 對提升人類健康與安全有貢獻。
7. 對環境保護有貢獻。

2.6 可靠性／維護性與可用性的關係

關於可用性於第 1 章及本章的開頭曾有過敘述，此處把前面所學之有關故障的時間概念列入，並以式子加以表示，且為了容易理解起見，擬使用圖加以解說。

■ 將可用性以可靠度函數、維護度函數來表示

某裝置的可靠度／維護度、可用度分別用 $R(t)$、$M(\tau)$、$A(t:\tau)$ 來表示，以下擬調查這些之關係（於前節中曾有過說明，$R(\tau)$ 表示可靠度函數，$M(\tau)$ 表示維護度函數）。

此處以最簡單的例子來說明，亦即「裝置若故障只允許一次修理，在 τ 的維護限制時間內修復的部分對動作沒影響，可算在可用度 A 之中」。此時以式子表示即為如下。

$$A(t:\tau)=\underbrace{R(t)}_{\text{開始至 t 無故障}}+\underbrace{\{(1-R(t)\}}_{\text{在 t 之前故障}}\cdot\underbrace{M(\tau)}_{\text{τ 小時內回復正常}} \qquad ①$$

由此式右邊第 2 項 $\{1-R(t)\}M(\tau)$ 來看，可知維護度 $M(\tau)$ 對 $A(t:\tau)$ 有多少影響。

簡單的說，雖一度故障回復正常的部分即為第 2 項，此項成為第 1 項開始至 t 無故障之可靠度 $R(t)$ 的增項（plus α）。

因此在極限的情形下即成如下（可靠度、維護度、可用度單是寫 R、M、A）。

1. $R=0$ 時，$A=M$：雖然經常故障，但所修復的部分是能夠使用，故算在 A 之中。
2. $M=0$ 時，$A=R$：這是不考慮修復的非修復系之情形。只要考慮 R 即可。

■ 可用性可針對R與M以等高線圖示之

如按照上述式①，由於難以看出 A 與 R、M 的關係，故針對 R 與 M 以等高線的方式圖示 A 即如圖 2.6。

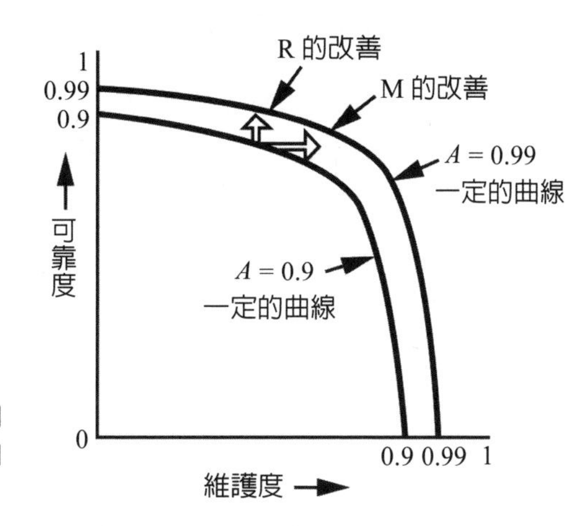

R 與 M 兩者之值決定後 A 即可以一定的等高線來畫。亦即 A 依 R(t)、M(τ) 之值而定。

圖 2.6　可用度 A 與可靠度 R 維護度 M 之關係

由此圖來看顯然可知，爲了滿足 A 的一定值，雖然提高 R（增大 MTBF）也行，可是，不增大 R 相反的選取 M 的高值（縮短 MTTR）也行。

此種之設計法，如第 1 章所敘述的，可稱爲 R 與 M 的權衡（trade off，爲謀求均衡，選取能保持均衡的設計法之意）。

又，R 與 M（或式子②的 MTBF 與 MTTR）如何分配，此事稱之爲分配（allocation）（關於分配，可參考第 3 章）。

■ 長時間使用之裝置只要知道「平均可用度」就夠了

長時間使用裝置時，以實際問題來說，只要知道經歷長時間的 A 就夠了，此稱爲平均可用度（mean availability）或時間可用度（time availability）。

此 A 使用已敘述之 MTBF、MTTR，可表示如下。

$$A=\frac{\bar{t}}{\bar{t}+\bar{\tau}}=\frac{\text{MTBF}}{\text{MTBF}+\text{MTTR}} \qquad ②$$

■ 非可用度與維護係數兩者是相等的

一般由於 $\bar{\tau}$ 比 $\bar{t}$ 短得很多，因之由②來看 A 近乎 1。因此，如考慮非可用度 (1 – A) 的概念時，即：

$$1-A=1-\frac{\bar{t}}{\bar{t}+\bar{\tau}}=\frac{\bar{\tau}}{\bar{t}+\bar{\tau}}$$

$$\therefore 1-A=1-\frac{\text{MTBF}}{\text{MTBF}+\text{MTTR}}=\frac{\text{MTBF}}{\text{MTBF}+\text{MTTR}}=\frac{\rho}{1+\rho}$$

此處，$\rho=\frac{\text{MTTR}}{\text{MTBF}}$ 稱之爲維護係數。在上式的分母中，由於 MTBF ≫ MTTR，因之

下式成立。

$$1 - A \fallingdotseq \frac{MTTR}{MTBF} = \rho \qquad ③$$

亦即若 ρ = 0.01，則 A 即為 0.99。

可用度的定義不只是式②，依維護時間的分類（圖 2.5 之 (1)、(2)、(3) 所表示的等級）與使用目的，可給予各種的靈活運用。

另外，對於 A 及 MTBF、MTTR 與工廠工程的領域所使用之運轉率或故障強度率等之關係，請參照第 4 章。

當開車遇到塞車時，雖然車子並未故障，但卻不能行駛，這也就是機能喪失喔！

Note

2.7 與故障有關之尺度——「故障率」與「修復率」

■「以每小時的發生率、達成率來衡量的尺度」即為故障率與修復率

與前面所述之可靠性／維護性有關的尺度有以下二種。

1. 以機率來衡量的尺度：R、M、A
2. 以時間來衡量的尺度：

$$\begin{cases} t；\bar{t}=\text{MTBF，MTTF，}\overline{U} \\ \tau：\bar{\tau}=\text{MTTR，}\overline{M}\text{，}\overline{D} \end{cases}$$

A 雖是以「時間的比率」之 $\bar{t}/(\bar{t}+\bar{\tau})$ 來衡量，但此時間 t 實際上除時間外，也可以距離或次數的單位來衡量。

除此二者以外，第三尺度可以說是以下的故障率與修復率。

3. 以每小時的比率來衡量的尺度

(1) R 的尺度：故障率（failure rate）或更新率（renewal rate）；記號 λ；單位「1／小時」。

(2) M 的尺度：修復率（repair rate）；記號 μ；單位「1／小時」。

■ R的尺度：故障率、更新率

所謂故障率是指圖 2.2(a) 的 t 到某時點爲止無故障仍在操作的零件之中，於下次的極短時間（區間）裡，有多少的比率是形成故障呢？表示此種每小時的頻率者。像1%／（10^3 小時）=1／（10^5 小時），單位是「1／小時」。

相對的，更新率是與修復系的故障率相當，若故障時可利用零件更換或完全修理來更新（renew），故得此稱呼。單位與故障率相同是「1／小時」。

此處，故障率、更新率均使用相同的記號 λ。

此外，與故障率同類的尺度有死亡率「%／年」或事故率（在飛機方面是「人／10^8 哩 · 人」）。

■ M的尺度：修復率

修復率是與圖 2.2(b) 之修復時間有關，是一種在極短時間中可修復好多少的比率。單位同樣是「1／小時」，記號使用 μ。

■ 故障率、修復率是「瞬間」的比率

由於故障率、修復率的單位是「1／小時」，因此很容易想成 λ 是 MTBF 或 MTTF 的例數，μ 是 MTTR 的例數，可是一般並非如此。

譬如，MTTF 是所有壽命 t 的平均值，是一定値，而故障率 λ 是時間的函數，隨著時間的進行而變化（參照圖 2.7）。這是與人的死亡率隨時間（亦即年齡）而變化是相同的（參照第 7 章）。

亦即，平均值之 MTTF 之類是觀察整體平均的尺度，λ 或 μ 是觀察時時刻刻變化之故障容易性、修復容易性之尺度。

只是，下節也會敘述，故障隨機發生，限於 λ 爲一定之下，1／λ 即等於 MTBF。特別是第 6 章也會敘述，在修復系的系統或裝置中，故障率（更新率）與時間無關成爲一定（此種故障率之類型稱之爲 CFR 型或隨機故障率）。同樣，修復時間若是隨機時，修復率也成立 1／μ = MTTR（一定）的關係。

知識補充站

判定故障首先要弄清「突發故障與劣化故障」與「永久故障與間歇故障」。

首先要了解對象的上下階層的機能之間的關聯，因為故障的結構是不同的。一般分析層次區分為系統、分系統、模組、組件及零件等 5 層次，實際分析作業進行時可依產品系統的大小或複雜性酌予擴大或縮減其層次，此本書則分成系統、元件、零件等層次進行說明。

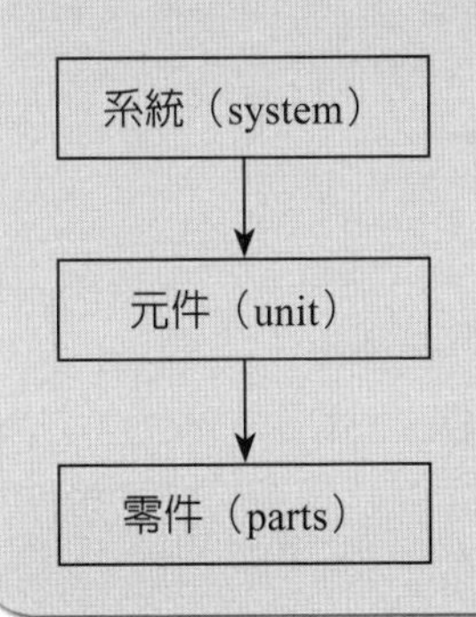

2.8 故障率的三個基本類型與預防交換

■ 故障率的變化有三種基本類型

故障率如前節所述，與死亡率相同，是說明在某時點 t（年齡）爲止還殘存的零件，於下次的瞬間（極短時間）故障的比率有多少之一種指標。此由於是時間的函數，故可寫成 $\lambda(t)$。

因此，故障率 $\lambda(t)$，隨時間（年齡）的消長，依其呈現的傾向，即可判別是難以故障，或是近乎死亡了。

此種故障率變化的情形，如圖 2.7 所示有三個基本的類型。其英文全名及一般的稱呼法如下。

1. DFR 型（decreasing failure rate）：故障率減少型、初期故障型。
2. CFR 型（constant failure rate）：故障率一定型、隨機故障型。
3. IFR 型（increasing failure rate）：故障率增加型、集中故障型。

以下就各類型說明之。

■ DFR型（故障減少型、初期故障型）

觀察圖 2.7 的曲線知，這是一種最初使用時容易故障，愈到後頭即顯得愈難故障的一種類型。此種類型由於常見於裝置的開始使用，故也稱之爲初期故障型。

爲了儘可能降低此初期的高故障率，於使用前以稍許嚴格的條件使之動作，剔除容易故障的部分，此種之操作是有需要的。此操作稱之爲除錯（debugging），已成爲可靠性保證的重要步驟了。bug 是意謂「蟲」（內在缺陷）之語。

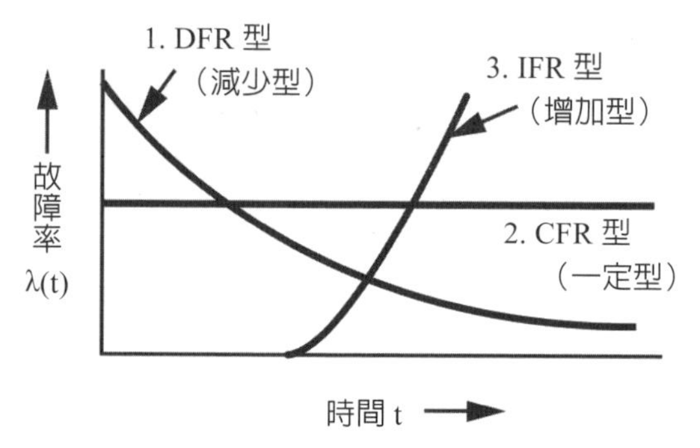

註：圖形中因強調故障率 λ 為時間的函數，故寫成 λ(t)。

圖 2.7 故障率的三個基本類型

■ CFR型（故障率一定型、隨機故障型）

故障率 λ 爲一定，故障是偶發性（隨機）發生的。因此，如前節所述，限於此種情形下，1/λ = MTBF。

服從此類型的，可以想到的是較複雜之修復系的系統或裝置其構成零件的故障隨機混雜發生者。

■ IFR型（故障率增加型、集中故障型）

λ 從某時點起開始增大，然後集中於該點而發生故障的方式。在時間上何時會發生故障，可由群體預知的只有此 IFR 型。

■「預防交換」有利於降低各類型的故障率

如上所述之區別，在元件的預防維護上，譬如經由事前的預防交換來降低 λ 之情形等，即可扮演重要的功能。

當打算將元件定期性的每隔 T 小時予以交換時，在那一類型的情形裡預防交換是有效的呢？試以圖 2.8 予以檢討之。

1. 可期待效果的 IFR 型

於 λ 開始急速上升發生集中故障前交換的話，原理上來說 λ 當作 0（λ = 0）。亦即可期待預防維護的效果。

2. 交換無意義的 CFR 型

原本 λ 是一定，因之即使交換 λ 也不發生變化。有時，也會發生因交換而帶來的事故，因之事前交換是沒有意義的。

3. 轉而變爲負的 DFR 型

進行交換，由於會把好不容易減少的 λ，更換成更大 λ 的元件，以整體來說，即如圖 2.8(c) 成爲鋸齒狀，平均的 λ 即會變得比交換時點的不良率 λ(T) 來得大。

亦即預防交換不但無意義，而且反而會帶來負面的效果。

在此種情形裡，如果元件的故障頻率或故障所帶來的損失少的話，則進行故障後交換的事後維護，若是重要的元件的話，則必須考慮於事前掌握故障的徵兆採取監視維護（或預知維護）才行。

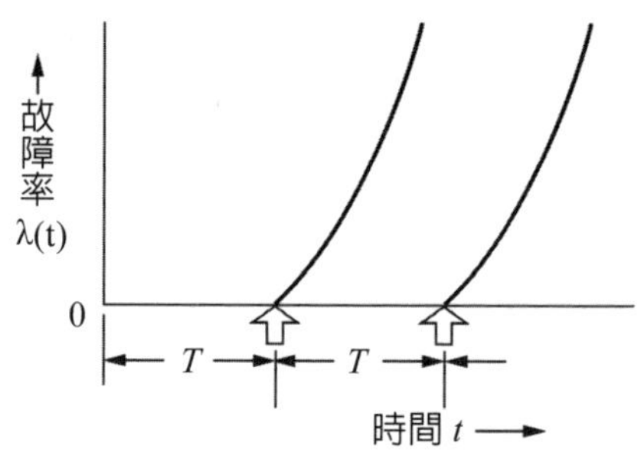

(a) IFR 型的情形

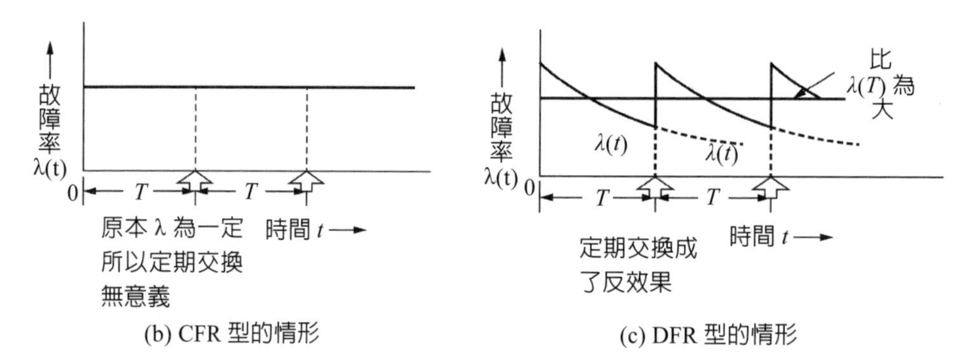

(b) CFR 型的情形　(c) DFR 型的情形

圖 2.8　每隔時間 T 進行元件的定期預防交換（更新）時之故障率（更新率）的變化

知識補充站

IEC TC 56原名為可靠性與維修性技術委員會，現名為可信性（dependability）技術委員會，其負責的技術範圍為：「有關可用性、可靠性、維修性和維修保障方面的標準化工作，以及可以認為合適的一些技術領域，包括通常不是由 IEC 的技術委員會負責的技術領域的標準化工作。」

可信性包括可用性及其影響因素：可靠性、維修性和維修保障。

IEC TC 56 的一系列標準為設備、服務和系統在整個生命週期內的可信性評估和管理提供了系統的方法和工具。

IEC 60300 系列是 IEC TC 56 中比較重要的一個標準系列。

Note

2.9 與可靠性／維護性有關尺度的整理

至前節為止，對於可靠性／維護性曾就時間的衡量尺度及比率的衡量尺度加以大略的說明。這些尺度，與第 1 章所敘述之以機率來衡量的尺度（R, M, A），以及與成本有關可稱之為總合指標的想法合併在內，匯整了有關可靠性／維護性的尺度。

因此，按修復系與非修復系之分，將這些之尺度整理成如表 2.1 之一覽表。

哪一種情形使用哪一種尺度，如可利用此表來確認的話，想必會更方便。

表 2.1　有關可靠性、維護性尺度一覽表

測度	修復系（裝置、系統）	非修復系（消耗品、配件）
機率	R，M，A $(=\frac{\bar{t}}{\bar{t}+\bar{\tau}})$*	R
時間	t：tbf，ttf，MTBF，MTTR U（up time） τ：ttr(1)，MTTR，M（維護時間）(2)，D（down time）(3)	t：ttf，MTTF
率（1／小時）	λ：故障率（更新率），在修復系中可想成一定（參照第 6 章），故 $1/\lambda$ = MTBF μ：修復率，一般是時間的函數，當 μ = 一定時，$1/\mu$ = MTTR（一定）	λ：一般 λ(t) 可以為 DFR，CFR，IFR 等各種類型，特別是 λ = 一定時，$1/\lambda$ 即等於 MTTF（一定）。
總合指標	系統有效度（SE），成本有效度（CE） CE = SE/LCC	

* 可用度 A，以 τ 來說依選取 (1)、(2)、(3)（對應圖 2.5 之 (1)、(2)、(3)）的哪一者，而有固有 A、達成 A、動作 A 之分。（參照第 4 章 3 節），又單一元件之隨機修理時，

$$A=\frac{MTBF}{MTBF+MTTR}=\frac{\mu}{\lambda+\mu}$$

每單位時間之平均故障次數（故障發生率）即為 λA。

知識補充站

故障安全（fail-safe），是指一個裝置或是實物，即使有特定故障下，也不會造成對人員或其他裝置的傷害（或者將傷害最小化），故障安全是安全系統的一部分。

fail-secure 的中文也是故障安全，但和 fail-safe 的概念略有不同。fail-safe 是指裝置故障時不會造成對人員或其他裝置造成威脅；fail-secure 是指裝置故障時不會將資料或是存取權落入壞人之手。有時 fail-secure 和 fail-safe 的實作結果會完全不同。例如：大樓失火，fail-safe 系統會自動開鎖，讓人員可以快速逃出，消防人員可以儘快進入，但 fail-secure 系統會自動上鎖，避免沒授權的人員進入建築物。

故障安全的系統不表示系統不會故障或是不可能故障，故障安全的系統是指設計系統在其故障時，可避免或減輕不安全的結果。因此故障安全系統在故障時，會和正常運作的系統一樣安全，或者只是略為不安全。

系統可能出現許多種類的故障，因此針對故障安全，需標示系統針對哪一種故障有故障安全的設計。例如：一系統可能在電源問題上有故障安全，但針對機械性的故障沒有故障安全特性。

2.10 故障也要考慮「質」

R、M、A 此種可靠性／維護性的尺度，是設定了故障的定義之後所得到的定量上、統計上的指標。如果故障的定義不同，這些之值也就會不同。因此，我們不可忘記本質上的故障。

■ 查明本質上真正原因，必須層別

我們舉出故障時，有需要以數量上的機率來掌握是否發生了故障，發生了幾次故障，但由追求故障的結構查出眞正原因之立場來看，先行層別使能掌握本質上的眞正原因及關聯事項是非常重要的。

此時，有名的 5W1H（when、where、who、what、why、how）的區別即成爲一種的指標。

■ 好好觀察實際的情形

調查故障的本質，亦即進行故障解析時，必須先由好好觀察實際的情形開始才行。

表 2.2 是貝爾研究所所開發自動電子交換機 1 號的實績，由此表知，有與單一裝置的故障不相上下之「人爲失誤」，以及像「增設」等，在狀態發生變化之過渡期中也有事故增大之情況發生。

表 2.2 電子交換機的故障內容（美國貝爾研究所 ESSI）

部位	件	%
複聯二重系	3	1.1
單一裝置	102	35.4
人為失誤	102	35.4
軟體	10	3.5
增設	41	14.2
不明	30	10.2

■ 對於「非故障之故障」也要注意

在表 2.3 所說明之故障事例裡，可以知道除主要的程式以外，因步驟不適切、錯誤等造成「第 2 代的波及故障」，其他因報告錯誤，試驗及維護的不適切等之「非故障之故障」（其中 2% 也包含原因不明），不容忽視的地方也應注意。

表 2.3　電腦系統的故障內容（美國 GE 公司）

原因	%
設計	25
製造	33
第 2 代的波及故障	31
非故障的故障	11

雖然依對象而異，不僅是硬體，像軟體、文件、程序單的失誤、人爲失誤、試驗、檢查、維護所帶來之不當等，在實際上是占有相當大的比率的。「非故障的故障」聽起來有點怪怪，然以典型的例子來說，像是使用者蜂擁而至所造成的交通阻塞、電話不能通話（機能喪失）等均是超出系統之容量的情形。以硬體來說，雖並未有絲毫故障，可是卻喪失了機能。

行駛於高速公路上卻因車潮的影響無法正常行駛，或是颱風天大停電，電話無法使用等，均是「非故障的故障」！

2.11 故障解析的基礎知識——「故障型態」與「故障構造」

前節是對故障的本質加以敘述，下一節是說明故障解析，本節則是肩負橋樑的功能。爲了判斷故障的本質亦即進行故障解析時，必須先理解故障型態（mode）與故障結構（mechanism）兩個概念。

■ 與故障有關名詞之定義

雖然簡單的提及故障，可是實際上卻有許多的分類。與故障近似的名詞有缺陷、異常、不當等。因此，擬先就與故障有關之名詞以可靠度用語定義之。

◆ 可靠度用語

1. 缺陷（defect 或 fault）：在對象之中形成故障原因之缺點、異常（規格外）等之狀態或場所。
2. 故障（failure）：對象喪失規定的機能。
3. 故障型態（failure mode）：故障狀態的形式分類，譬如斷線、短路、折損、磨耗、特性的劣化等。
4. 故障結構（failure mechanism）：物理上的、化學上的、機械上的、電氣上的、人爲上的原因等，使對象發生故障的過程。
5. 故障解析（failure analysis）：爲了檢討對象之潛在或顯在的故障原因、結構、發生機率及其影響，所進行之有系統的調查研究。

■ 故障型態即為「結果的現象」

以故障結構所發生之結果來說，故障型態是指故障狀態的分類，如上面定義所說明的，有特性値的劣化、開放、短路、不安定、雜音外洩、變形、磨耗、折損等。表 2.4 是說明電氣、機械系之配件的故障型態與其發生比率。

若稍加詳細說明，材料折損的型態，並非原因而是結果的現象。也許因衝擊而折損，也可能是長時期的磨耗或腐蝕的結構而折損。

像這樣，雖然是不同的結構（原因），可是以結果來說故障型態卻是相同的。

表 2.4　電氣、機械系配件的故障型態與比率

故障形態 \ 配件	引動器	軸承	電纜	離合器	連接器	變速器	齒輪	馬達	電位	繼電器	電磁	開關	總合比率
腐蝕	7.1	18.6			6.3			6.3	27.5	12.3	19.2	33.1	11.52
變形	7.1	2.5	7.3	16.6	23.7	10.0	20.0	2.1		0.4	3.8	0.7	8.31
侵蝕		3.1											0.27
疲勞		4.4	2.4		1.7					2.3		3.1	1.23
摩擦	21.4	10.6						1.5		2.6			3.19
氧化												5.5	0.49
絶緣破壞			26.8		1.6			12.3	10.0	12.3	23.1	3.4	7.90
破裂		0.5											0.04
磨耗	14.3	60.2	22.0	83.4	8.1	45.0	60.0	25.1	25.0	5.4	27.0	12.1	34.23
破斷	7.1		19.5		47.1	20.0	20.0	4.6	15.0	17.5	15.4	24.8	16.86
其他	43.0		22.0		11.5	25.0		22.5	22.5	11.9	11.5	17.3	15.96

■「故障解析」是追求故障原因之有系統的工作

即使是相同的材料或零件，也因使用應力、環境或使用時間之不同故障結構有所不同，同時故障型態（死亡型態）也有所不同。特別是在產品開始使用時所出現的故障型態，與在老化磨耗期故障時之型態，兩者不同之情形居多。

像這樣，故障結構不同時，故障型態發生變化的情形甚多，因之可由現象的故障型態倒推結構出來。

譬如，表 2.4 中絕緣破壞與腐蝕甚多的零件，即使是在電氣機械的零件之中，因電氣上的應力而發生故障卻是主因，磨耗與變形的型態，可以認爲是機械應力裡的特有型態。

像以上，追求故障原因之有系統工作，即爲故障解析。

故障解析，又稱爲**故障診斷**，是指爲了確定故障原因以及如何防止其再次發生而蒐集和分析數據的過程。故障解析乃是製造行業眾多分支之中的一門重要學科。例如，在電子行業，新產品開發與產品改進時的重要手段就是故障解析。在故障解析過程中，需要採用各種各樣的方法和手段，蒐集故障部分的數據和信息，以便用於故障原因（一種或多種）的後續分析。

2.12 故障解析的想法(1)

發生故障有內在的、潛在的固有缺陷，加上外部也有可能會發生的要素。

利用故障解析找出故障原因訂立對策時，有需要分成以下兩種來考慮，一是發生故障的現象，另一是找出原因，並予以評價以擬定對策之對策面。

因此，把與故障解析有關之要素整理在圖 2.9 中。此時對於所考慮的要因，以下進行說明之。

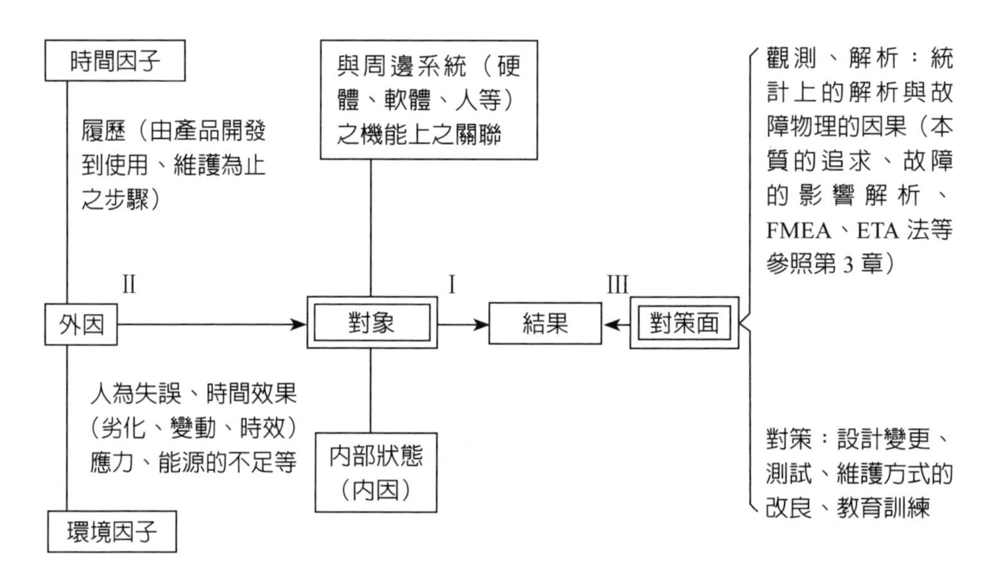

圖 2.9 與故障解析有關之故障結構與要因

■ 故障結構

故障結構大致想來即如以下過程。

I（對象的狀態，內因，素因）+ II（外因，誘因）→III（結果，故障）

此 I + II→III因有密切關聯，而有以下幾種。

1. 機能上的關聯：故障的對象與其周邊的機能上的關係（譬如，裝置此種較複雜性的上位系統與構成裝置之下位零件之機能上的關聯，人與機能的相互關聯）。理解對象的故障對它們有何種的影響、如何受到阻害、如何波及、造成如何的損害等）。
2. 環境因子：應力（溫度、塵埃、振動、腐蝕環境等）。
3. 時間因子：對象的狀態變生時間上的劣化與變動、環境狀態的變化、履歷、產品開發的步驟等。

在了解故障結構方面，必須好好觀測這些之原因系、對象的狀態、結果（現象、故障型態等），並予以計測，以掌握發生的線索（以其中的一個手段來說，有利用狀態監視預知異常發生）。

如圖 2.9 所示，對象 I 所具有的內在缺陷（也稱爲內因或素因），加上外部原因（外因或誘因）的增加自然會發展成故障，此時環境因子與時間因子的作用，即爲一般發生故障的原因。譬如，因應力造成溫度上升，因長期間使用促成劣化。

可是，此環境與時間的因子有時可發揮抑制故障面的作用。譬如，火災時的下雨，或因爲是在未使用裝置時發生因而得以避免致命性的故障等，此等均與時間有關。

又，因在設計設備時不很安全，環境隨時間發生變化，荷重增大而破壞等，因時間與應力的交織成爲故障發生的原因。

■ 部分與整體的機能上關聯

依對象是系統呢？或是構成系統之較下位元件或裝置呢？或是更低位呢？因之故障結構而有甚大的改變。

零件故障並不意謂造成設備或系統故障，而是旨在利用可靠性設計防止故障發生。

由此種立場來看，有需要了解對象周邊的上位階層與下位階層的機能上的關係。

在零件（下位階層）所發生的故障，可作較上位裝置的原因系，而裝置的故障又成爲上位系統的故障原因。

一般愈是上位的較複雜裝置或系統的故障，損害就變得愈大。又其中像空調機的不順或電源的故障，引起其他裝置不順的情形也有。

■ 對策面的評價與解析

對策面上，必須掌握故障狀態與時間上發生的經過，並予以評價，且即時擬定對策才行。

故障解析是由三個步驟所構成的。不僅是故障發生後的事後解析，基於原本目的之預防對策的意義下，不是在故障發生之後才進行解析，必須經常進行事前的預測，了解那一部分有弱點，去除致命性缺陷，且必須考慮發生萬一時，對策的重點性分配才行。

2.13 故障解析的想法(2)

故障解析的三個步驟

1. 事前解析（於事前的設計階段，進行測試、預測、評價並基於此進行改善）。
2. 事中解析〔利用狀態量的計測掌握故障發生的過程，利用監視（monitoring）進行預知維護，即時下對策〕。
3. 事後解析（故障原因的事後解析，設定與原因有關的假說，並予以證明且擬定本質上的對策）。

基於此意，於事前的設計階段中，必須先設計好診斷的方法與記錄步驟，事中的故障預知，故障發生後的善後處理（trouble shooting），乃至追蹤原因均要使之容易才行。爲了促進事中、事後解析，因而事前的解析、設計的任務絕無強調過度之理。

另外，於故障解析時，由墨非法則「If it can fail, it will fail.」（如有缺陷，早晚是會故障的），「沒火的地方是不會起煙的」的立場來看，必須要查明潛在的缺陷。

■ 故障解析的方法

故障解析法依對象之不同而有各式各樣。如同「見樹不見林」之比喻，如侷限於個別的樹木（現象）就會忘記整體的森林（眞正的原因）。

大體上來說，各種資訊的總合、分析（也包含統計解析），以及個別的故障物理上的細部解析，冶金金屬學上、化學上、機械上、電氣上、人體工學上、心理學上、生理醫學上等的具體解析法均可採用。

一般以如下步驟來進行：

1. 大體上的掌握與詳細解析之綜合調查。
2. 由非破壞的外部解析到內部解析（解剖、破壞性的分析）。
3. 針對故障原因設定假說，並予以實證（再現實驗）。

在 1. 來說，如太過於侷限細微的故障現象，會把犯人（原因）與被害者（結果）搞錯，因之大致上的調查是有需要的。

1. 剛好與醫學裡的診斷相同，在內科上由外側以心音、胃鏡等來探討，最後進入外科的解剖步驟。
2. 由可疑的原因之中，彙集犯人，予以實證的階段。

另外，雖提到故障解析，但不光是追求細部的故障結構（故障物理的解析），後面所敘述之故障種類的分析與重要度的判別等就顯得需要了。亦即，必須結合統計的與個別的、質與量的兩面來探討才行。

知識補充站

故障物理（physics of failure）是指追尋部件或零件故障的起因，即追尋故障機理工作的總稱。為了查明故障機理，要進行故障分析、調查現象、建立故障發生過程的模型等工作，然後根據故障再現的證明，確定防止故障和劣化的方法。

產品的任何故障必然是有特定的工作應力或環境應力引起的某種機理造成的，即故障總是有基本的機械、熱、電和化學等應力作用的過程所導致。故障物理分析法的焦點是關注主要的故障模式，在對有關物理現象及失效機理深入認識和理解的基礎上，利用模擬方法或推導出定量模型進行分析預測。通過了解可能發生的失效模式和機理，發現產品或現有技術中潛在問題，並在問題發生前進行預防。隨著電子技術的高速發展，基於數理統計思想的可靠性分析方式暴露出諸多問題。

為了克服這些問題，自上世紀末開始，包括大學、研究所、企業在內的科研單位開始轉向基於故障物理的思路來開展電子產品的可靠性分析工作。這一思路致力瞭解產品故障的根本原因，從而採取主動措施防止或延緩這些故障的發生，實現產品功能與可靠性設計的融合。目前，基於故障物理的電子設備可靠性分析已在 NASA、波音、霍尼韋爾等國際頂尖科研機構中得到廣泛應用。

影響機械產品故障的因素可概括為「應力」和「強度」兩類。應力是引起產品失效的各種因素的統稱，強度是產品抵抗失效發生的各種因素的統稱。機械可靠性理論認為產品所受的應力小於其強度，就不會發生失效；應力大於強度，則會發生失效。受工作環境、載荷等因素的影響，應力和強度都是服從一定分配的隨機變數。

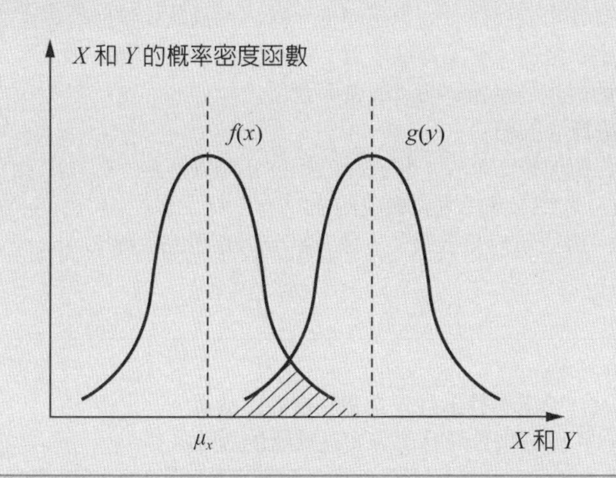

2.14 故障的種類與區別(1)

故障依立場而有幾種之區分。調查故障的原因並整理數據時，如未做此種之區分，一切混在一起時，就會變得毫無意義的數據，且會擬定出錯誤的對策來。

因此，擬以各故障的定義文句為中心，把它的區分弄清楚。另外，此處將 failure（故障）略記為 f。

■ 故障的時間發生方式、能否預測之區別

1. 用語的區分

通常產品在開始使用時容易發生故障，故要查明此初期故障的原因及早除去潛在故障是有需要的。

是故，於開始使用時加以稍高的應力，以除去初期故障，此即是前述的除錯（debugging）的工作。

◆ 可靠度用語

1. 初期故障（initial f 或 early f）：於使用開始後的較早時期裡，由於設計、製造上的缺陷或使用環境的不適合而發生的故障。
2. 突發故障（sudden f）：突然發生，經由事前的檢查或監視無法預知的故障。
3. 劣化故障（gradual f）：特性逐漸劣化，經由事前的檢查或監視即可預知的故障。
4. 偶發故障（random f 或 chance f）：偶發性（random）發生的故障。

所謂突發，是什麼先兆都沒有，像電燈壞之類的故障即是。

可是，如果測量電球的亮度時，可以判斷是慢慢變暗的劣化故障。亦即，突發或劣化，依我們是否注意觀察狀態而有所區別。可是，在現在的技術裡，完全無法預想的故障種類也有。

此種突發性的故障，沒有時間依存性，完全是隨機，無法預見此故障何時發生之下發生。平均來說，以同一比率發生（譬如交通事故）時，此稱之為偶發故障。

可是，雖然是隨機，可是並非是原因不明或改善不可行。

2. 與完全故障、部分故障概念的組合

突發故障與劣化故障，若稍加嚴密來說，將故障的程度亦即以下兩者加以組合。

①完全故障（complete f）：要求機能完全喪失的故障。

②部分故障（partial f）：機能並未完全喪失，還有部分保存著的故障。

而有以下的區分。

◆ 可靠度用語

1. 突變故障（catastrophic f）：突然發生且完全喪失機能的故障。
2. 退化故障（degradation f）：劣化故障且部分喪失機能的故障。

像早期電視的布朗管破裂即為前者（破局故障）的例子，電視畫面因劣化呈現模糊不鮮明已到了不能容許的故障（degradation）等即為後者的例子。以人來說，像是「驟亡」與「身體的老化」可分別與之對應。

■ 故障的狀態是否依時間而變化之區別

◆ 可靠度用語

1. 永久故障（permanent f）或固定故障（solid f）：在時間上故障狀態並未變化的故障。
2. 間歇故障（intermitten f）：某時間雖呈現故障狀態，但自然回復原來的機能，重覆此種現象的故障。

2.15 故障的種類與區別(2)

■ 依對象之固有缺陷或依外部的、人為的原因之區別

◆ 可靠度用語

1. 固有缺陷故障（inherent weakness f）：在規定能力以下的應力裡，因對象的固有缺陷所發生的故障。
2. 超過負荷故障（over-stress f）：加諸於對象的應力超出規定能力所發生之故障。
3. 誤用故障（misuse f）：在設計、試驗、使用、維護方面因誤失而發生的故障。

負荷（stress）這句話已出現好幾次，這在 CNS 中規定爲「電壓、溫度、機械的振動、衝擊、機械的應力等誘發故障的原因」。

因而，此負荷如在某限界以上時，當然會發生故障，即使在規格所規定之值的應力中，如有本質上的缺陷（固有缺陷、弱點）即會發生故障（這些之缺陷在設計、材料、製造、使用階段中由於會含在其中，所以有需要在事前除去之）。

■ 某缺陷或故障是直接原因或間接原因呢？以及與原因之數目有關之區別

◆ 可靠度用語

1. 一次故障（primary f 或 independent f）：是對象自身的故障，不是因其他對象的故障所引起來的故障。
2. 二次故障（secondary f）或波及故障（dependent f）：因其他零件的故障而發生之故障。
3. 單一故障（single f）：因單一之故障原因而使對象故障。
4. 複合故障（combined f）：二個以上的故障原因組合在一起所發生之故障。

■ 判定故障時之區別

1. 故障判定基準的想法

◆ 可靠度用語

故障判定基準（failure criterion）：判定是否故障的基準，指機能的界限值。

討論故障判定基準時，必須把突發故障與劣化故障以及永久故障（固定故障）與間歇故障，清楚的加以區別才行。

永久故障中發生突發故障時，不管是誰來看都不會判斷錯誤，但在劣化故障中，譬如特性值（自初期值起之變化量、變化率）要多少不規定是不行的。

又間歇故障的情形，是否只發出一次即判定為故障呢？或是連續發生 3 次以上間歇故障就判定為故障呢？有須加以區別。

2. 關聯故障與非關聯故障的區別方式

> **◆可靠度用語**
>
> 1. 關聯故障（relevant f）：解釋試驗的結果，且計算可靠性特性值時，應包含的故障。
> 2. 非關聯故障（non- relevant f）：解釋試驗的結果，且計算可靠性特性值時，應除外的故障。

所謂關聯故障，譬如零件的話，是指因零件的固有缺陷故障所發生的故障（一次故障、原因不明的故障均包含在內），而人為的誤判或誤用、步驟錯誤、測試或設置造成的損傷或不當，視為非關聯故障，必須除外。

接著，把被判斷為關聯故障的東西加以解析、細分化，對於一次故障帶來的二次故障或由其他的周邊裝置（interface）所發生的故障（此稱為 non-chargeable f）應加以區別，且必須分別考慮對策。

可是，雖說是關聯故障，如只找出因某原因而發生故障者，則結論恐有失偏倚。

另外，對於零件來說，雖是非關聯故障，應除外的故障，然而因對象或動作狀態如不包含時，則會成無意義的故障。

阻礙複雜系統實際使用中的動作，如果是人為失誤，以系統的故障來說，是不可以忽視的。

2.16 由整體來看故障的影響解析與評價是不可欠缺的

■ 判斷性質時「眼力」是有需要的

在可靠度的定義中有「機能」這句話，而其程度想來有種種的層次。

特別是像系統或裝置此複雜的對象，一部分的不當、異常等，並不會就那樣牽連整體的故障。因此，若由反面來說，可靠度雖然同是 0.9，可是卻依對象以及機能的定義影響（亦即損害）的程度而有所分歧。

亦即，將某故障現象以可靠度此種客觀的量來掌握之前，評價並判斷質的「眼力」就變得有需要了。

■ 依故障的重要度來分類

故障若由維護面（對策面）來看時，首先有需要區別為可以修理的故障（repairable failure）與不可以修理的故障（non-repairable failure）。

接著，故障發生之後會有多大的損失呢？對較複雜的子系統、系統（此稱為上位項目或上位階層）會有多大的影響？是否會影響到安全性？由此種評價的立場來看，依其重要度有需要作如下區分。

◆可靠度用語

1. 致命故障（critical f）：人身有可能受到傷害或資財有可能受到損傷的故障。
   註：不光是故障（機能喪失），也是由安全性來看的區別。
2. 嚴重故障（major f）：為了執行規定的機能，有可能會減少上位項目能力的故障。
3. 輕微故障（minor f）：輕微的故障，不會成為嚴重故障的故障。

不用說這些之區別都是相對的（關於相對評價，請參照第 3 章的 FMEA 法）。

譬如，由於工作機械的繼電器不好，工作機械的動作混亂，造成人員死傷的話，即為致命故障。又，機械（由繼電器來看這是上位階層）停止而使作業停滯，於是對所製造之產品品質有影響的話，繼電器的故障即成為嚴重故障。可是光只是繼電器的故障，對裝置動作沒有影響，即為輕微故障。

■ 可修復裝置在故障的定義上維護性是有直接關係的

故障發生時，在判斷會有多大的損害方面，像是能否事前預知、檢知其故障，能否除去，又發生之後能多快修復好，與此種維護的能力（維護性）是有直接關係的。

譬如，電視假定是在人們最喜歡看的運動節目途中生故障。若是 1～2 秒也許會認為沒有辦法，可是如果中斷 10 秒的話那麼觀衆的抱怨大概會蜂擁而至吧！

像鐵路或航空公司，定期的運送旅客或貨物視為使命（機能），其故障停止時間（τ）的大小，即會在服務之品質、損失上造成差異。

製造設備因故障造成停機，均會引起產品的品質、生產力、操動率、士氣的降低。

■以維護性定義故障的例子——日本新國鐵的「ABC區分」

日本新國鐵的車輛故障，著眼於鐵路線上行駛中之機能停止的程度，可把故障區分如下。

1. A 故障：引起鐵路線上旅客 10 分、貨物 30 分以上延誤的事故。
2. B 故障：鐵路線上可在上記時間內修復好的故障。
3. C 故障：雖不會成爲運轉故障，但在維護修理上是重要的故障。

在此故障的重要度區別上，引進了能否在 10 分鐘以內修復完成之維護度 M（$\tau = 10$ 分）概念。生產設備停止時，也有按 10 分以上、以下劃分等級的例子。

圖 2.10 是日本新幹線自開始運行以來 A 故障的故障率（行駛每 100 萬公里的故障件數）。像這樣改善裝置或設備的缺點故障率逐漸降低，此稱之爲可靠性的成長或可靠性的改善，像圖中之圖形稱之爲可靠度成長（改善）曲線。但是與圖 2.7 的 DFR 型是不同的。不如說是表示初期流動期的曲線。

從 1967 年以後將 A 故障、B 故障兩者一併在內，每 100 萬公里已低於 0.2 件，已呈安定狀態。

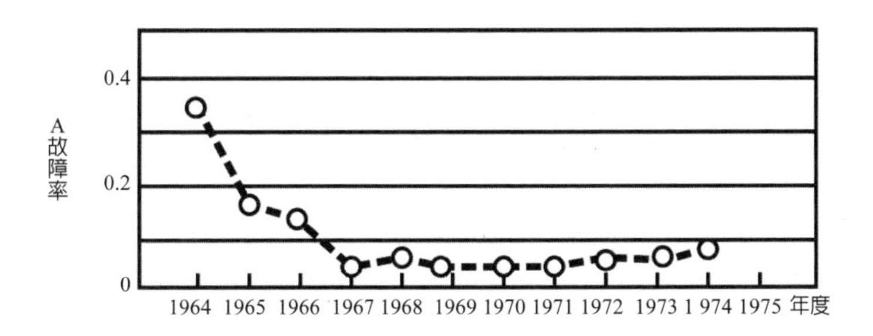

圖 2.10　日本新幹線之 A 故障率的變遷（表示可靠度改善的成長曲線）

知識補充站

國外一般參與高科技工業的公司，在研發與生產過程中，發展出所需的可靠度管理與工程技術是理所當然的事，並且將這些發展成果與應用經驗，由專業單位或機構累積整合發展成各種可靠度數據與資料庫、標準規範與技術文件，作為後續研製作業之參考，以便在研發設計時就將可靠度需求融入產品中。然而強調可靠度需求者，以國防和航太產品居多，採購者（政府機構）提出相關的需求與規定乃是自然的趨勢。因此，初期的可靠度標準，以國防與航太工業為主，且多由政府機構提供。

在民用產品方面，國際級的可靠度標準，目前正由國際標準組織（ISO）與國際電工委員會（IEC）兩個國際組織扮演著整合可靠度標準的工作；在軍用產品方面，國際級的可靠度標準目前正由北大西洋公約組織（North Atlantic Treaty Organization, NATO）進行擴大整合。

我國國家標準（CNS）一向以產品為主，同時大部分以日本工業規格（JIS）為藍本，近年來為配合國家標準國際化之政策，以逐漸轉為以 ISO 及 IEC 所制訂發行的國際標準為基礎。

有關可靠度方面的國際標準，在 IEC 各個技術委員會的分工是由第 56 號技術委員會負責的。IEC 60300 為有關產品可靠度管理的國際標準，此一國際標準的最早版本為 1969 年發行的「IEC 60300 (1969), Managerial Aspects of reliability」，以產品可靠度管理方面的內容為主。1984 年將維護度納入其中，將此一國際標準的名稱更改為「IEC 60300 (1984), Reliability and Maintainability Management」，此文件乃是敘述在產品的生命週期中的每一個特定階段裡，如何選擇並實施其所適合的可靠度與維護度活動的一套規定，針對產品在整個生命週期當中的變化程度提出有關產品可靠度及維護度的管理方法與指導原則；從可靠度與維護度的技術性觀點來看，它是各種 IEC 國際標準在有關這方面技術有效的參考標準文件。並且，其所敘述的管理技術適用於從小到大任何規模的企業，無論是生產者或是使用者皆適宜，而且適用的產品由主要系統到零件，包含的應用範圍非常廣泛。

Note

第2篇
管理與技術篇

在第 1 篇的說明中想必了解可靠性／維護性是什麼。第 2 篇是實際上為了實現可靠性／維護性，想進一步談談「管理與技術」的手法。

為了實現可靠性／維護性，已有所需技術的人士，必須更有組織、有體系的結合才行，此處管理的重要性於焉誕生。

並且，為了實現 R／M，裝置的 R／M 與設計或製造有何種關係，不僅此點，與維護技術的結合也必須列入考量才行。因此，以可靠度工程的話題來說，以往不太被提及的這一點，將會在第 4 章詳細說明。

第3章 R／M管理的作法與故障解析的方法

在實現可靠性（R）/ 維護性（M）方面，第 1 章曾對其管理的重要性加以說明。因此，此處就其特徵、管理的進行方法、設計審查、變更管理等的要點、太空開發的例子、飛機中維護計畫的新方向等加以說明。

又，與管理有密切關係的「可靠性技術」之中，對於特別重要的設計技術（如預測、FMEA、FTA 等）之想法與方法也會略加涉及。

3.1 在壽命週期中「階段」是管理方便的想法

■ 階段（phase）

所謂 R／M 管理是即時地把目標可靠性、維護性設定在產品或系統上，並且予以維持的一種綜合活動。

因此，若把產品的壽命週期分成幾個「階段」（phase）來考慮，在管理上會顯得方便些。譬如，在美國的太空開發或軍方中即如表 3.1 予以分類。

表 3.1 開發的週期與階段例

號碼	階段	可算性、維護性的工作
1	構想	可能性的檢討、解析、預測、開發方針的決定
2	契約．定義	MTBF 等 R／M 要求特性值的明確化、預算的明示、開發計畫的認可
3	技術開發 *	設計（預測、解析、試驗），設計審查（DR）
4	製造 *	與生產與品管技術者一起完成 R／M，訓練、教育、變更管理
5	運用	使用、維護面的保證，維護技術、日常點檢、教育、訓練、數據的蒐集補給、支援、服務

* 也有把 3、4 合併稱之為取得階段的情形。

開發、運用產品或系統時，通常考慮到企劃、設計、製作、運用、維護（或服務）之階段，在各階段訂定所需要之 R／M 計畫，爲了綜合地促進、監視，可實施 R／M 管理。

■ 各階段所需要的工作

在產品或系統的開發階段裡，需要哪些技術呢？以一例來說明太空開發之流程，此即如圖 3.1 所示。此圖乃是進行太空開發的美國政府，明示對系統的要求，廠商配合此要求進行系統（產品）製作的例子。

相對的，在民生用產品的開發與設備設計的情形中，必須事先掌握使用者的要求、使用方法等，且必須親自決定出與成本相稱的目標來才行。

並且，把來自使用者的客訴、服務數據、維護數據加以解析、進行故障原因調查、故障品的故障解析，不斷地將結果回饋進行改善外，也要謀求技術的儲存才行（譬如：故障事例、對策集、資料庫、故障檢出步驟等）。

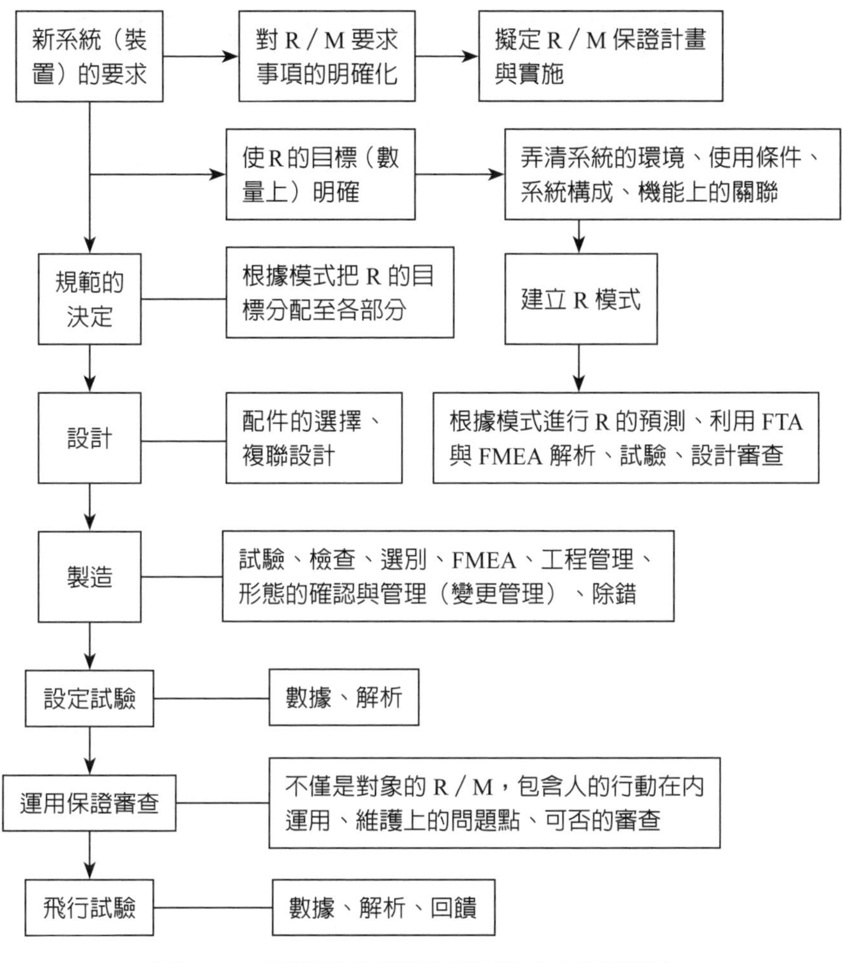

圖 3.1　各階段中所需工作例（太空開發）

3.2 R／M管理的原則與計畫的實施方法(1)

■ R／M管理的原則

此處把實施 R／M 管理的幾項原則約略說明於下。

1. R／M 管理是整個對象的階段、壽命週期的一貫活動。
2. R／M 技術（預測 FMEA 等）與 R／M 管理是密切結合著的。
3. 實施 R／M 管理，是需要高階層的強力指導力與經營理念，以及提高人員的士氣。
4. 幕僚（staff）活動與直線（line）活動的調和、協調是不可欠缺的。
5. R／M 管理是與生產管理、工程（品質）管理、設備管理、資材庫存管理、外包管理、技術管理等有強烈的關聯。
6. 依照一般的管理原則，進行如下等的工作，像是目的與方針的明確化、組織的責任與權限、財政、人員分配、日程管理、教育與訓練、激勵、資訊與回饋、計畫的實施與推進、監視等。

■ R／M管理的實際工作

R／M 管理取決於 R／M 的目標（譬如可靠度）在壽命週期的各階段是否已具體的達成並提高呢？亦即，取決於可靠度的成長。

表 3.2 是將 R／M 管理及其關聯計畫做成一覽表。

■ 計畫管理的工作

實施可靠性／維護性管理之計畫，計畫主持人（program manager）有需要協調技術部門，以及包含成本、日程在內的業務及管理部門，然後推進計畫。

此時，計畫管理的工作可以分成以下的基本要素（此處所說之 tracking，意謂追蹤、確認、保證應該做的工作是否完全達成）。

1. 開發階段中系統要求事項的明確化。
2. 技術計畫的擬定、可靠性、維護性、安全性等之危險解析與對策。
3. 日程與財務計畫的擬定、評價。
4. 監督使之能進行要求上所需之工作，並努力提高士氣。
5. 監督工作與其進展是如何進行？
6. 稽查所達成之結果，是否符合要求？

表 3.2　與可靠性、維護性有關之計畫工作

〔可靠性計畫的工作〕	⑤維護性目標的設定
①利用解析調查，把產品的可靠性整理在規範上	⑥維護性的預測、解析
②先見之明的計畫與研究調查	⑦教育、訓練
③為其他部門的一般服務及支援	⑧供應業者的選定、監視、管理
④設計審查與認可	⑨計畫的監視
⑤可靠性目標的數量上記述與其改定	⑩試驗計畫與評價
⑥可靠性的預測、解析	⑪維護性之數理統計
⑦教育、訓練	⑫維護性實證試驗
⑧供應業者的選定、監視、管理	⑬現地數據之回饋與更正活動
⑨試驗計畫與評價、目標達成確認步驟的明確化	⑭變更要求的認可與變更命令
⑩可靠性的數理統計	⑮包裝與出貨的步驟
⑪可靠性實證試驗	⑯維護性設計基準（手冊、指南）的設定
⑫配件的評價與配件適用法的研究	〔安全性計畫的工作〕
⑬資料處理與報告、資料交換計畫	①設計審查與認可
⑭使用環境與故障型態的明確化、故障解析	②給其他部門的一般性服務與支援
⑮現地數據的回饋與更正活動	③安全性設計基準（手冊、指南）的設定
⑯變更要求的認可與變更命令（變更管理）	④安全性目標的設定
⑰包裝與出貨的手續	⑤故障樹分析（FTA），故障解析的實施
⑱可靠性設計基準（手冊、指南）的設定	⑥危險物數據的配備
〔維護性計畫的工作〕	⑦設定製造者的安全步驟
①利用解析調查，準備維護性的提案、規範	⑧包裝與出貨的步驟
②先見之明的計畫與研究調查	⑨危險解析的實施
③為其他部門的一般服務及支援	⑩變更要求的認可與變更命令
④設計審查與認可	

3.3 R／M管理的原則與計畫的實施方法(2)

■變更管理（型態管理）的步驟

已在第 1 篇中提過阿波羅 13 號的例子，說明了變更管理的重要性，此處就其具體的方法予以說明。

曾參與電氣國際標準會議之 R／M 技術委員會的美國代表歐岡（Organ）是可靠性管理的關鍵人物，他曾強調以下四個項目。

1. motivation（激勵）
2. communication（溝通）
3. coodination（協調）
4. documentation（文件化）

此處 4. 之文件化，是先準備著所需之可靠性、維護性、安全性、品質上的紀錄與步驟文件，縱然有事故也能很容易追蹤其原因與不良之意。

所謂變更管理或型態管理（configuration management），是指將所規定的步驟加以文件化，使任何人都能一目了然，並加以遵守，如果變更時，視其變更解析是否會發生何種之事故並加以檢討，縱使變更也要有能經認定無礙方可變更的體系。

採購業者、外包材料、零件、製造設備、環境、工程、人員、設計規範、處理方法、試驗檢查、維護、服務步驟等之變更，如稍一不慎，即有可能發生致命的缺陷。

在美國的太空計畫裡，判定有「除此之外的工作絕不可做」的規定，像「怎麼辦才好」、「有些奇怪」，在判斷迷惑時，強調絕不可任意胡爲，必須與上司商討，請求判斷。在圖 3.1 中之「變更的確認」，是強調依照設計所規定的規範去製造現物，確認沒有不一致的一種工作。

知識補充站

新產品的開發過程，係一個從概念發起，歷經展示確認、試驗評估、生產製造等不同階段的管理作為，期間難免會發生產品系統內各元件（或子系統、系統）的變異情形，所以如何控制這些研發時的工程變更，降低所產生的負面影響，有效管制這些變異的過程、原因等情形，也是需要一套有效合適的管理方法才行。這些產品開發過程中的諸多管理議題，利用管理上的技術，突破「產品開發生命週期」的時程壓縮、需求變更以及複雜產品的協調性等挑戰，正是傳統企業管理無法觸及的領域，是科技管理興起的原因，也正是「型態管理（configuration management, CM）」發展的起源。

Note

3.4 可靠性／維護性設計的基本方針

前面曾強調過好多次，「可靠性設計」可以說是 R／M 保證的關鍵，是一項相當重要的工作。

設計如果馬馬虎虎，不管以後在製作、使用、維護上多麼努力，也沒多大效果，反而會牽連到重加工、客訴對策、維護成本的增大與損害。

進行可靠性／維護性設計的基本要領如下。

1. 事前先去除所能想到的缺陷，縱然發生了故障，不妨先從診斷或修復容易之固有可靠性、維護性去思考。
2. 設計是由系統設計、R／M 分配（參照下節）、詳細設計與其有關的預測、解析、試驗、設計審查（design review）等所構成。
3. 基於過去所儲存的技術有效率的進行。因之，要有計畫的儲存實施設計時所需要的數據。
4. 可靠性／維護性設計，並非只要提高就好，對於作爲對象的系統或產品來說，要能保持與其他之要求品質與成本之均衡而後進行。

根據以上，把可靠性／維護性設計的一般方法加以歸納整理，即如表 3.3。

後述內容，是對可靠性、維護性設計中的主要實施事項進行說明。

可靠性設計即根據可靠性理論與方法，確定產品零件以及整機的結構方案和有關參數的過程。設計水準是保證產品可靠性的基礎。

可靠性設計的一個重要內容是可靠性預測，即利用所得到的資料，預估這些零件或系統在規定的條件下和在規定時間內，完成規定功能的機率。在產品設計的初期階段，及時完成可靠性預測工作，可以了解產品各零部件之間可靠性的相互關係，找出提高產品可靠性的有效途徑。

表 3.3　可靠性、維護性設計的基本方針

①系統、裝置的可靠性、維護性的目標值，係由成本有效性的立場來設定及決定規範。系統構成（硬體、軟體、人為要素）的技術上、經濟上的檢討與選擇。
②把系統、裝置的目標值分配到部分要素（子系統、元件、配件）上。
③採取複聯設計、機能分散、故障容忍性（fail tolerant）、故障安全性（fail-safe）、防愚性（fool-proof）等之高可靠性方式。
④活用過去的經驗，採取可靠性、維護性高的方式與元件、配件（過去的事例集、認定配件表的利用）。
⑤考慮應力、環境要素、經常性的變化，及有安全寬裕的謹慎做法。
⑥採用儘可能單純且已標準化的方法、構造。
⑦考慮使用中的點檢診斷及故障發生時候修複容易的構成、維護方式、診斷方式（自動點檢、診斷機構、監視維護），進行維護性設計。利用模板化（module）、單元件使構造容易更換。
⑧經由人體工學的考慮，採用人容易使用失誤少的方式、構造，由維護性來看即為點檢容易，有接近性（accessibility）的設計。
⑨當採用未曾經驗或經驗少的材料、配件、方式等時，從事前評價、實施模擬、確認耐環境性等方可採用。
⑩事前進行有關可靠性、維護性、安全性的預測、估算（故障率的預測、劣化故障的預測、FMEA、ETA、FTA 等），指出問題點且予以改善之同時，對故障或缺陷發生可能性高的地方採取預防措施（如警聲），或像保險絲一樣一旦故意即可現出弱點，或採用監規器方式等手段。
⑪不僅可靠性、維護性、安全性，也要考慮其他的品質要素包含機能、成本在內，要權衡考量（trade off）。
⑫配合設計的執行、進行設計審查，亦即經由各技術領域的專家不斷的進行建設性的評價並採取對策。
⑬促進設計者配備與活用方便的手冊、數據表、查核表，謀求相互交換情報。
⑭有組織的進行數據（情報）的蒐集，且將其結果加以解析，使回饋至所需部門（利用資料庫）。
⑮為了高可靠、高安全須設定組織，綜合性的推進其管理、技術開發。

3.5 「可靠度的分配」方法(1)

■ 愈重要的地方可靠度要愈高，這是分配的原則

如給予了系統或產品整個的可靠度目標時，必須對所構成的各部分分配其可靠度，設定設計目標，此即爲可靠度的分配（allocation）。

分配的原則必須參照過去的實績，在重要的地方可靠度目標要分配高些。

■ 利用「直列模式」分配可靠度的想法

如圖 3.2 所示稱之爲直列模式的可靠度模式，是可靠度 R 的分配基礎。圖 3.2 是表示三個元件 1、2、3 直列性排列的情形（元件並不一定是物品，像人之工作具有某種機能也行）。

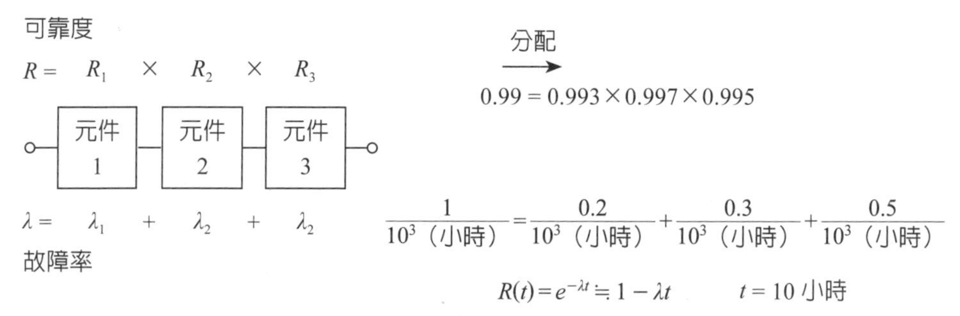

圖 3.2　直列模式可靠度之分配與故障率之預測（三個元件例）

系統或裝置的故障（亦即，不可靠度 F），如果所構成的部分（圖 3.2 中之 1、2、3）元件有任一個故障時，就會發生。亦即，如果元件 1 或 2 或 3 故障時，系統整體就會故障之意，像此種情形「整體與部分的不可靠度，在邏輯上是以 OR 的關係結合著的」。

相對的，可靠度 R，如果系統的構成要素全部未滿足時，即無法加以保證。在圖 3.2 中，元件 1 及 2 及 3 必須一切都滿足才行。此種「整體與部分的可靠度，在邏輯上是以 AND 的關係結合著的」。

在邏輯上的 AND 是意指「以機率的積結合著的」。亦即如圖 3.2，整體是由獨立操作的三個元件所構成時，整體的可靠度 R 是以各元件的可靠度 R_1、R_2、R_3 的乘積來表示的。亦即：

$$R = R_1 \times R_2 \times R_3$$

因此，以一般性來考慮，整體如由 n 個部分（子系統、元件、零件等）構成時，即如下式：

$$R = R_1 \times R_2 \times \cdots\cdots R_n \qquad \text{（式 3.1）}$$

R 的分配即根據此式來進行。不用說，這些記號 R_1、R_2 等是指可靠度，本來它們是時間的函數，寫成 $R(t)$、$R_1(t)$ 才是正確的，但爲方便計，略記爲 R、R_1……。

■ 故障率的表示方法

不用整體的可靠度 R，而改爲使用整體的故障率 λ_1（嚴格來說，是 $\lambda(t)$），故障率即可用各元件之故障率之和來表示。

$$\lambda = \lambda_1 + \lambda_2 + \cdots\cdots + \lambda_n \qquad \text{（式 3.2）}$$

此時，如前面所述，故障隨機發生亦即 λ 爲一定値形成 CFR 型時，即：

$$\lambda = \frac{1}{MTBF}$$

此式 3.2 在 R 的分配上也是不可欠缺的式子。

■ 可靠度的分配例——所有配件看成相同時

假定阿波羅太空船是 n 個相同的零件（假定可靠度爲 $R_{零件}$，故障率爲時 $\lambda_{零件}$），設若只要其中一個零件故障時，阿波羅的機能即喪失的話，依據式 3.1、式 3.2，阿波羅的可靠度 $R_{阿}$ 及故障率 $\lambda_{阿}$即可分別如下表示：

$$R_{阿} = \underbrace{R_{零} \cdot R_{零} \cdot \cdots\cdots \cdot R_{零}}_{\text{n 個}} = R_{零}^n$$

$$\lambda_{阿} = \overbrace{\lambda_{零} + \lambda_{零} + \cdots\cdots + \lambda_{零}} = n\lambda_{零}$$

3.6 「可靠度的分配」方法(2)

因此，依據阿波羅所要求之 $R_{阿}$值與 n 之個數，零件所需要的可靠度 $R_{零}$（此處以 % 表示），即成爲如下：

1. $R_{阿} = 90\%$ 的保證，$n = 10^5$ 個之時：由 $0.9 = R_{零}{}^{100000}$，$R_{零} = 99.9999\%$
2. $R_{阿} = 99\%$ 的保證，$n = 10^5$ 個之時：由 $0.99= R_{零}{}^{100000}$，$R_{零} = 99.99999\%$

■ 以某比率對各元件分配故障率時

如圖 3.2，今以三個元件（unit）所構成的裝置，在 t = 10 小時的操作時間裡，所要求的可靠度 $R = 0.99$，各元件的故障率之比分配爲 2：3：5 的情形來考慮。

此處把可靠度與故障率的關係看成 $R = e^{-\lambda t}$（e 爲自然對數之比）。

$R = e^{-\lambda t}$ 的值在 0.9 以上時（亦即 λt 之值在 0.1 以下時），$e^{-\lambda t}$ 可如下表示：

$$e^{-\lambda t} \doteqdot 1 - \lambda t$$

把剛才所假定的 $R = e^{-\lambda t} = 0.99$，$t = 10$（小時）代入上式時，

$$1 - \lambda t = 0.99$$

$$\therefore \lambda = \frac{1 - 0.99}{t} = \frac{0.01}{10\text{小時}} = \frac{1}{10^3\text{小時}}$$

因此，只要能決定出能滿足以下二式的 λ_1、λ_2、λ_3 即可。

$$\begin{cases} \lambda = \lambda_1 + \lambda_2 + \lambda_3 = 1/10_3\text{小時}\ (0.001\ /\text{小時}) \\ \lambda_1 : \lambda_2 : \lambda_3 = 2 : 3 : 5 \end{cases}$$

λ_1、λ_2、λ_3 之値求得如下：

$\lambda_1 = 0.2/10^3$ 小時 =0.0002 / 小時，$R_1 = 0.998$

$\lambda_2 = 0.3/10^3$ 小時 =0.0003 / 小時，$R_2 = 0.997$

$\lambda_3 = 0.5/10^5$ 小時 =0.0005 / 小時，$R_3 = 0.995$

Note

3.7 使用條件愈嚴，可靠度就愈低

■ 應力增加時，壽命即縮短——表示其程度的是「環境係數」

像電子零件或材料，溫度由室溫起每升高 10℃，壽命即減半，故障率即倍增之經驗法則（10℃法則），以及壽命與所施加之電壓或應力的 α 乘方成反比呈現變短之經驗法則（α 乘方法則），均爲人所知。

圖 3.3 是說明應力增加，且移動到嚴峻的使用條件時，故障率即增加（耐用壽命亦即集中故障的開始點 L 到 L_0 之時間）即縮短的情形。因此，在嚴峻條件中隨機故障率 λ 與基準狀態中隨機故障率 λ_0 之比 K_λ 稱之爲故障率環境係數，又耐用壽命 L 與 L_0 之比 K_L 稱之爲壽命環境係數。

將此二個環境係數按使用方法、環境條件事先予以儲存時，對於設計時可靠度的預測或維護計畫是有幫助的。譬如在電子裝置中，設若實驗室的故障率爲 1 時，K_λ 之值在汽車中即爲 3 倍，在飛機中即爲 6 倍。

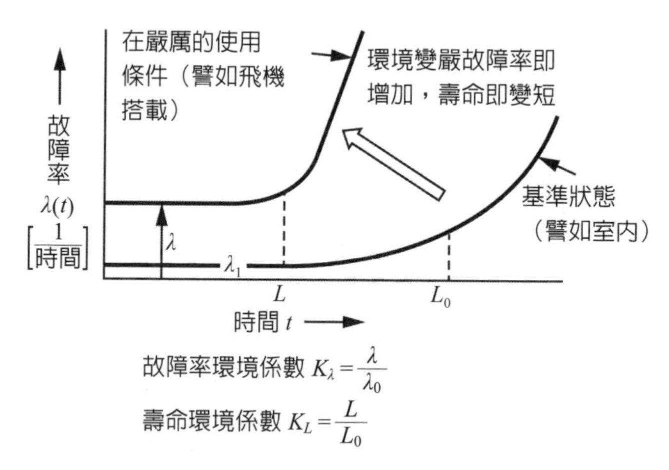

圖 3.3 環境（應力）變嚴時，故障率 λ 即增大，且耐用壽命 L 即縮短（耐用壽命是指集中故障開始之前的時間）

■ 「安全寬裕」取得愈多，可靠度就愈高

請看圖 3.4。橫軸表示時間，縱軸表示材料、零件、裝置等之強度及加在其上之應力大小。

今觀察強度的分配時，知在 $t = 0$ 的時點裡，處於相當高的位置，隨著時間的進行，強度即逐漸往下方降低（劣化）。因此，按每小時連結分配之中心時，即如圖那樣的曲線。

另一方面，加在材料、零件之應力，如小於強度時，材料、零件即可安心使用。因之，如 $t = 0$ 時點所示，此強度之分配與應力之分配其間差距稱之爲安全寬裕，此安全寬裕愈大，則材料或零件的可靠度就愈高。

可是，儘管應力的大小一定，然而強度逐漸降低，在圖 3.4 的時間 t_1 處，強度的分配與應力的分配即出現重疊。如此一來，如所加諸之應力超過強度以上時就發生了故障。

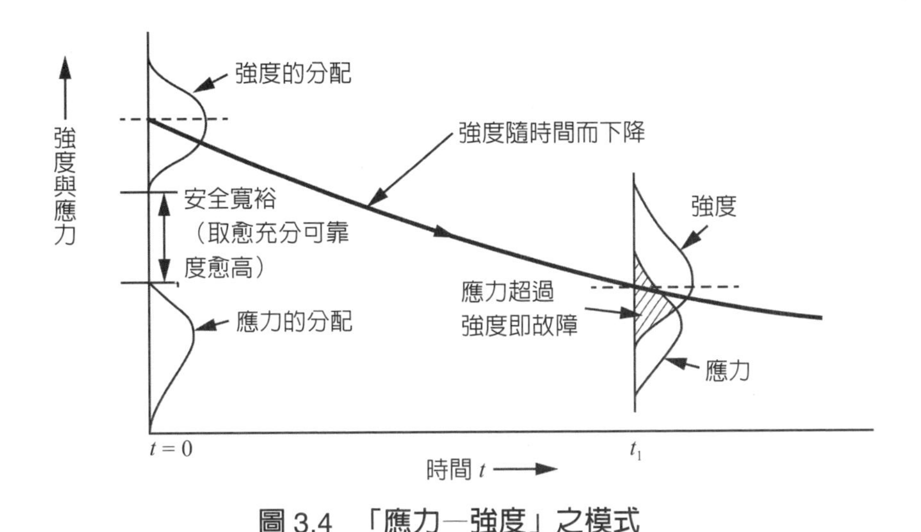

圖 3.4　「應力—強度」之模式

因此，爲了加大安全寬裕（盡可能提高可靠度），可以控制環境條件，把所施加的應力或動作所需要的能源，盡可能使之減小即可。

像這樣，減輕零件、材料的內部應力即稱之爲降額或降等（derating)。

知識補充站

降額（derating 或 de-rating）是指為了延長電子元件的壽命，刻意運作在小於最大工作能力的情形。常見的例子包括運作在小於額定功率、小於額定電流或是小於額定電壓等。

降額設計可以通過降低零件承受的應力或提高零件的強度的辦法來實現。工程經驗證明，大多數機械零件在低於額定承載應力條件下工作時，其故障率較低，可靠性較高。為了找到最佳降額值，需做大量的試驗研究。

3.8 影響可靠度的複聯設計與維護的效果(1)

■ 複聯設計是在不能運作時所能採取的替代手段

譬如，以汽車的煞車為例，像壓力閘、電氣閘、手動閘等之三重系構造，只要有一個不能運作，即可以藉其他的替代手段使之停止，以確保安全。

像此種之設計方法稱之為複聯設計。剛好與通信網或道路網之網路，採取安裝側道（by path）之多重路徑方式，或採取分散危險方式是相同的想法。

像這樣，使系統或裝置帶有複聯性，在保證可靠度上是一非常重要的手段。

> **◆ 可靠度用語**
> 複聯性（redundancy）：為了達成規定的機能，額外的附加要素或手段，雖然其中一部分故障，可是整體也不會故障的一種性質。

■ 複聯設計的基本「並列模式（並聯）」

複聯設計的最基本模式，是除了一個元件外再安裝另一個額外元件的方法，此稱之為並列模式或並聯（parallel redundancy）。

當然以複聯來說，所裝設的元件不是一個也行，然而此處為了簡單說明起見，只敘述一個的情形。此種之並列複聯稱之為元件複聯系統。以公路來說，即裝設另一條徑路（by-path）的作法。

此時，系統整體發生故障，是在二個元件同時故障之時。「同時」在邏輯上是「AND」（機率之積），設若此兩元件之不可靠度分別為 F_1、F_2 時，整個系統的不可靠度 F，即可以下式表示。

$$F = F_1 \cdot F_2 \qquad \text{（式 3.3）}$$

此外，元件的可靠度設若分別為 $R_1 = 1 - F_1$、$R_2 = 1 - F_2$ 時，則整個系統的可靠度 R，即可以下式表示之。

$$\begin{aligned} R &= 1 - F \\ &= 1 - F_1 \cdot F_2 \\ &= 1 - (1 - R_1)(1 - R_2) \\ &= R_1 + R_2 - R_1 \cdot R_2 \qquad \text{（式 3.4）} \end{aligned}$$

因此，若一個元件的可靠度為 0.9 時，則由二個元件所構成的並列複聯系統的可靠度，由式 3.4 知：

$$R = 0.9 + 0.9 - 0.9 \times 0.9 = 0.99$$

可獲得大幅度的改善。

■ 其他之複聯例——「待機複聯」與「2／3複聯」

除並列系統之外，另外介紹二種複聯。

1. **待機複聯——在一個元件故障以前，另一個元件處於待機狀態。**

今以二個元件來想，某一個元件 A 在正常操作期間，另一個元件 B 則不操作，一直等到 A 故障時即立即操作，具有此種複聯性者，稱之爲待機複聯或預備複聯（英文稱之爲 stand-by redundancy）。

2. **2／3 複聯——三個中有兩個在操作時即爲正常**

2 out of 3 是「三個中的二個」之意，所謂 2 out of 3 複聯是三個之中有兩個元件在操作時，系統整體即可謂正常的複聯系，略記爲「2／3 複聯」。

剛好與三人一組進行試驗時，雖然一人的答案不對，但其他二人如均爲正解時，該組即可視爲合格的情形是相同的。

■ 單一元件與複聯系之可靠度、MTBF、故障率的比較

設若單一元件的可靠度爲 R（$=e^{-\lambda t}$）、故障率爲 λ、MTBF = $1/\lambda$ 時，使用二個相同元件之並列複聯系、待機複聯系及 2／3 複聯系，三者之可靠度、故障率、MTBF 的大小情形，整理歸納在表 3.4 之中（此處求法予以省略，只要有此種大小的感覺就夠了）。

又將表 3.4 的可靠度 $R=e^{-\lambda t}$（隨機故障）作成圖形時，即如圖 3.5。由此圖知，待機複聯的可靠度最高，2/3 複聯在經過一段時間後就比單一元件的可靠度還低。

知識補充站

防呆是一個源自於日本圍棋與將棋的術語，後來運用在工業管理上，基本概念應用在日本豐田汽車的生產方式，由新鄉重夫提出，之後隨著工業品質管理的推展傳播至全世界。

防呆的日語為「ポカヨケ」，「ポカ」原為「圍棋或將棋中，不小心下錯的棋子」，引申為一般生活中不小心造成的錯誤；而「ヨケ」則為預防的意思，英語取其音譯為「poka-yoke」，意譯則為「mistake-proofing」。中文譯為防呆、防呆法或愚巧法。

3.9 影響可靠度的複聯設計與維護的效果(2)

■元件採用維修後變成「動態複聯」時，可靠度即可大幅提高

引進複聯系有另一個甚大的好處。這是把已故障的元件以另一元件更換得以持續操作的這一段時間，可以把故障的元件修理好。

像這樣，對元件（unit）階層來說，積極的著手檢出、診斷、修復，以提高可靠度的方法稱之為動態複聯（dynamic redundancy）。

相對的，如表 3.4，圖 3.5 之②、③、④中所示，整個系統故障之後（並列系時 2 台均故障），然後才予以修理的複聯稱之為靜態複聯（static redundancy）。

形成動態複聯時，其可靠度及 MTBF 均較靜態複聯增大。雖然在圖 3.5 中曾舉例說明，然而，若元件的靜態待機複聯之圖形，與動態待機複聯之圖形相比較，其差異就很清楚了。

表 3.4　單一元件與各種複聯系之可靠性度的比較（靜態複聯時）

	系的構成		可靠度	MTBF	故障率
①	單一元件	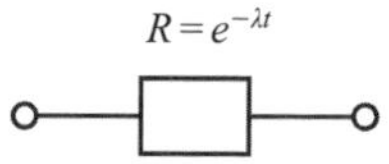 $R=e^{-\lambda t}$	$R=e^{-\lambda t}$	$\frac{1}{\lambda}$	λ
②	二個元件並聯系（並列模式）	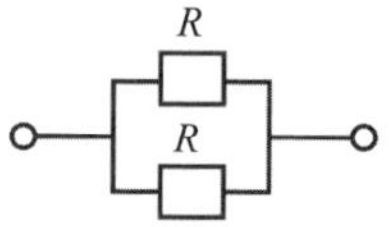 R R	$1-F^2$ $=1-(1-R)^2$ $=R(2-R)$	$\frac{3}{2\lambda}$	$\lambda\left(1-\frac{R}{2-R}\right)$
③	二個元件待機複聯系	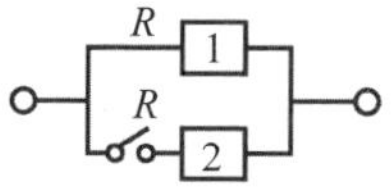 R 1 R 2 1 故障的話 2 即接通	$R(1+\lambda t)$	$\frac{2}{\lambda}$	$\lambda\left(1-\frac{1}{1+\lambda t}\right)$
④	2/3 複聯系	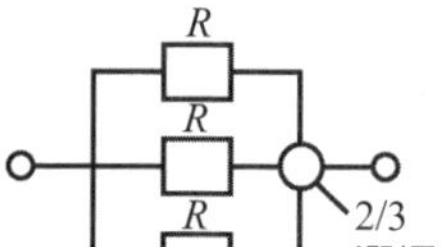 R R R 2/3 選擇 3 個中有 2 個元件操動時即為合格	$3R^2-2R^3$ $=R^2(3-2R)$	$\frac{5}{6\lambda}$	$2\lambda\left(1-\frac{R}{3-2R}\right)$

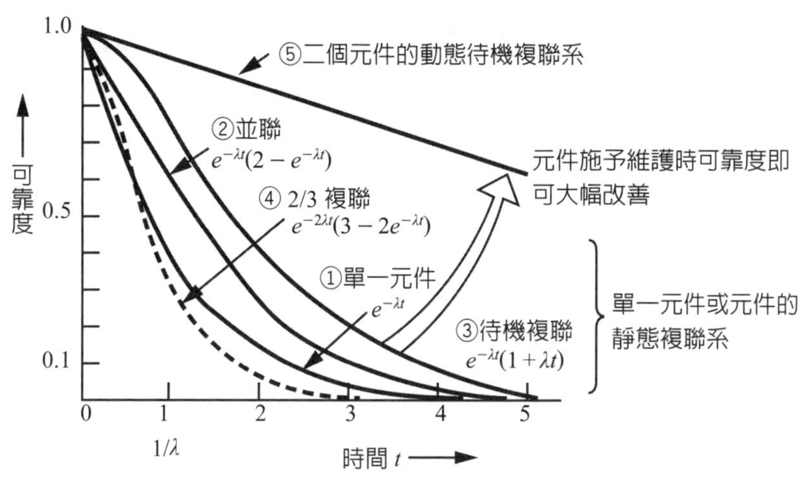

圖 3.5　可靠度的比較（根據 3.4 式）

知識補充站

複聯（redundancy）是指系統為了提升其可靠度，刻意組態重複的零件或是機能。複聯一般是為了備用，或是失效安全的考量，也有可能是了提升系統效能，像是衛星導航系統接收器，或是多執行緒電腦處理。

有時複聯不會提高系統的可靠度，反倒會降低系統的可靠度。有複聯設計的系統是比較複雜的系統，也比較容易被其他問題影響。有複聯的系統比較容易讓操作者疏忽職責，或是給予系統較大的生產需求，使系統處於過應力，較不安全的情形之下。

3.10 可靠性／維護性設計所需之其他想法

■ 故障柔軟性——因一部分的機能降低而停止

若做成複聯或採行機能分散方式時，一部分的異常保持原狀，並不會直接影響到更上位層次之系統或裝置發生故障。

像這樣，不會整體性的馬上變成致命性的故障，藉機能的逐漸降低或部分的機能停止即可抑制之設計稱之爲故障容忍性（fault tolerant）或故障柔軟性（fail-softy）。

■ 故障安全性——雖然喪失機能也可確保安全

譬如，當判斷鐵路上有異常時，即亮起紅燈阻止列車通過。此時運送旅客或貨物的機能（可靠度）雖然喪失，可是無論如何卻可確保安全。

像這樣，機能雖然喪失，但以整體來說，人命資材的安全得以確保之設計稱之爲故障安全性（fail-safe）。

■ 安全壽命構造與故障安全性構造——以飛機為例

飛機在構造上，若一切均考量安全寬裕而後再仔細設計時，就會太重而飛不起來。因之，乃以點檢、修理、更換此種維護（配備）方式爲前提加以設計。

譬如，像機翼此種構造物，假定龜裂介入其中，也可阻止其進展，使在飛行中也有足夠的強度，透過維護保養來維持其可靠性，此種的設計方式稱之爲「故障安全性構造」。

相對的，像引擎等特別是點檢、交換困難的部位，則提高固有的可靠性，此種之設計方式，可視爲「安全壽命（safe life）構造」。

總之，在 R／M 設計中，基於技術水準、故障的重要度、對策容易性、經濟性等之情況，進而探取彈性的措施，將這些加以組合並謀求均衡。

■ 防止人為失誤的防呆（fool-proof）設計

1. 軟體、文書的失誤也不可忽略

70% 的飛機事故，據說是由於人爲失誤所造成的。不管物體本身有多高的可靠度，而最後的致命性關鍵則是人的可靠性。

除直接之人爲失誤（知覺失誤、判斷失誤、操作失誤）外，計算機程式之軟體失誤、文件（處理說明書、維護修理手冊、故障報告書等）的失誤也不能忽視。在電路中稱此爲軟體的可靠性。

爲防止人爲的失誤，教育、訓練、士氣的提高、文件或步驟的查核、審查也就顯得很重要了。

2. 防呆設計

此外，在現場中防止事故的方法有所謂的防呆（fool-proof）設計。

這像是外行人使用也很安全或外行人無法觸摸之連鎖機構（interlock），或超過某個限界以上即以聲音或光予人警告及表示者均是。

原理上，是利用形狀的差異（譬如連結器的鍵溝）、色差、光或聲音的發生、壓力、浮力、重力等之信號或能源。

■在維護性設計上要有良好的「可接近性」

在維護性設計中，曾提及整體的診斷容易、修復與交換容易之事項，然而對於元件的交換也要考慮互換性、交換容易性。

特別是何處情況不佳時，考慮人能接近且易於點檢、修理、交易的空間布置，此種之設計稱之爲可接近性（accessibility）良好的設計。

此外，在維護性設計中對異常的影響甚大的部位，更是一開始即必須準備自動診斷、監視器、警報等之機構才行。

知識補充站

好的產品設計需要符合可接近性（accessibility）。可接近性是指使用者可以接近、使用系統，而沒有任何身體、心理、經濟、文化或社會上之障礙。

可接近性指的是顧客不用花太多的時間或精力，就很容易使用公司的產品、通路與服務。為了要使顧客有美好的體驗，產品環境必須要讓顧客簡單使用。

以商業為例，星巴克 App 整合行動支付功能讓顧客簡單使用。用戶透過會員卡號登錄帳戶後，不僅可查詢所有個人帳戶資訊，還能直接完成會員卡儲值服務。星巴克也打通 POS 系統端的界限，在星巴克門店消費時，收銀台直接掃描手機 App 中的會員帳號 QR Code（行動條碼），就能完成支付。簡單的說，可接近性就是易接近性，讓使用者覺得使用方便，省時、省事，也省力。

3.11 可靠性／維護性所不可欠缺的預測與解析

至前節爲止是對可靠性／維護性設計中之具體檢討項目加以說明，本節以下至第12節爲止，則是對故障率、故障原因、故障的影響等之預測與解析方法加以說明。

■ 何謂預測或事前解析

於開發或改造系統與裝置之時，到底在技術上可以達到多少的可靠性、維護性以及安全性呢？哪一地方有缺點呢？事前予以評價及解析，在故障發生之前，必須先考慮所需之對策是非常重要的，此即爲預測或事前解析的工作。

■ 分配的相反是預測

在前述的圖 3.2 所敘述的可靠性分配中，根據式 3.1 或式 3.2 由式的左側向右側把全體的 R 與 λ 分解爲部分的 R 與 λ。

預測與此相反，將實際現場所求得或試驗中所得到的部分（元件、零件）R 與 λ 代入這些式子裡，由右側向左側，求出系統或裝置的 R 與 λ。

在故障隨機發生的情形中，如此所求得之故障率 λ 的例數，即成爲 MTBF 的估計值。

當然預測並非是要與其值相吻合，而是爲了了解何處會有問題，以便考慮所需之對策。

■ 預測需要累積有日常的數據

如第一章所提及的，預測需要累積有故障率 λ、環境係數 K_λ 與 K_L、故障型態、環境條件、應力等日常的經驗與數據才行。

預測需要累積平常的數據！

Note

3.12 特性的變動及劣化故障的預測

雖然在時間 $t = 0$ 的時點中滿足，然而在使用之中，裝置的主要參數（parameter）y 卻發生劣化，跳出許容範圍而有可能變成劣化故障。

因此，需要有能預測 y 是否在容許域中的方法。這當然是著眼於對 y 有影響的主要零件及環境參數 x_1、x_2、……x_n 進行預測，而此有最壞狀態法（worst case analysis）與統計解析法（statistical analysis）兩種。

■ 何謂最壞狀態法

這是在 x_1、x_2、……x_n 之中，自最壞的組合起計算 y 的最大值 y_{max} 與 y 的最小值 y_{min}，判斷兩者是否在容許內的一種方法。

例題 3.1

配管的外徑設爲 x_1，內徑設爲 x_2，配管的內厚以 $y = x_1 - x_2$ 來表示。此配管的尺寸，在一年後成爲 $x_1 = 10 \pm 1$，$x_2 = 8 \pm 1$（mm），發生使用環境上的偏差。以最壞狀態法查核配管是否有問題。

答

$y_{max} = x_1$ 的最大值 $- x_2$ 的最小值 $= 11 - 7 = 4$

$y_{min} = x_1$ 的最小值 $- x_2$ 的最大值 $= 9 - 9 = 0$

$y = 0$ 是可能發生的。亦即肉厚變爲零可能有洞，故此設計不充分。

■ 統計的解析法

y 與 x_1、x_2、……x_n 分別以機率分配來掌握，按 x_1、x_2、……x_n 的分配求出 y 的分配，觀察它是否在容許值內的一種解析法。

在進行此解析時，需要有 y 及 x_1、x_2、……x_n 分配的資訊。譬如，以圖 3.4 所示的「應力－強度模式」（stress-strength model）來說，設若強度爲 x_s，應力爲 x_l，故障是否發生則以張度與應力之差。

即：

$$y = x_s - x_l$$

是否比 0 大來判定。亦即，參數 y 的容許範圍爲 $y > 0$（此 x_s、x_l 相當於前述例題的 x_1、x_2）。

因此，若求出 $y \leq 0$ 的機率時，強度在應力以下且故障的機率即可求得。

Note

3.13 分析故障原因之「故障樹分析（FTA）」(1)

■部分與整體的可靠度、不可靠度的表示法

在進入故障樹的說明之前，不妨先將可靠度、不可靠度的系統中之全體與部分（元件）之關係（以式子的表示方法）加以整理一下。

1. 直列模式（串聯）的情形

如同前述，在直列模式中，全體的可靠度與部分的可靠度是用 AND 連結的，因之二個元件時，如式 3.1 所示，可以下式表示。

$$R = R_1 \cdot R_2 \qquad \text{（式 3.1）}$$

相對的，全體的不可靠度與部分的不可靠度是以 OR（有一元件故障時，全體即故障）連結的。今考慮二個元件全體為不可靠度設為 F，元件 1、元件 2 的不可靠度分別設為 F_1、F_2，則可以下式表示。

$$F = F_1 + F_2 - F_1 \cdot F_2 \qquad \text{（式 3.5）}$$

元件 1 或元件 2 故障時整體即故障，由於這是 OR 的關係，然卻容易被想成是 $F = F_1 + F_2$，如圖 3.6 右上欄所示，F_1 與 F_2 重疊的部分加了二次，故應將該部分 F_1、F_2 減掉。

可靠度 R 與不可靠度 F 原本即有 $R + F = 1$ 之關係，故將 $R = 1 - F$，$R_1 = 1 - F_1$，$R_2 = 1 - F_2$ 帶入式 3.1 中，以如下計算也可導出式 3.5。

$$R = R_1 \cdot R_2 \qquad \text{（式 3.1）}$$

$$\therefore 1 - F = (1 - F_1)(1 - F_2)$$
$$= 1 - F_1 - F_2 + F_1 \cdot F_2$$

$$F = F_1 + F_2 - F_1 \cdot F_2 \qquad \text{（式 3.5）}$$

2. 並列模式（並聯）的情形

前曾提及，此與直列模式相反，可靠度是以 OR 連結，不可靠度是以 AND 的關係連結，故可以用下式表示。

$$R = R_1 + R_2 - R_1 \cdot R_2 \qquad \text{（式 3.3）}$$
$$F = F_1 \cdot F_2 \qquad \text{（式 3.4）}$$

以上是將有關直列模式、並列模式均爲二元件時的可靠度、不可靠度的表示法整理在圖 3.6 左側之欄中。爲參考起見 $R_1 = R_1 = 0.9$ 時之 R、F 數值也一併計入，由於有 R + F = 1 之關係，因之實際上只要求出 R 或 F 任一者，另一者只要由 1 減去某一者即不難求出。

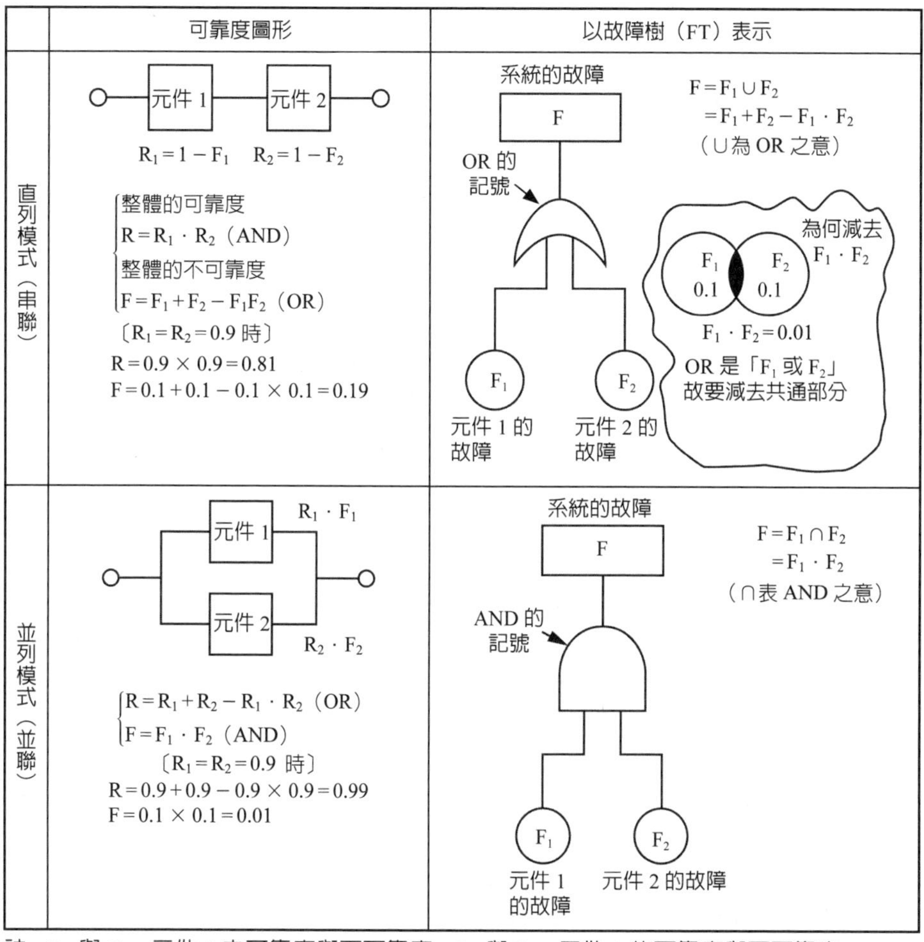

註：R_1 與 F_1：元件 1 之可靠度與不可靠度，R_2 與 F_2：元件 2 的可靠度與不可靠度。

圖 3.6　二個元件系時以故障樹表示直列模式、並列模式

■ 故障樹是以OR與AND的圖記號表示，為了容易了解部分的故障與整體的故障關係而以圖來表示者

標題雖稍嫌長些，然以圖形表示上面所說明的式子，便能一目了解整體的故障與部分的故障關係者，此無他即爲故障樹（fault tree，簡稱 FT）。

使故障樹成立的最大關鍵，是以圖記號表示 AND 與 OR 之邏輯關係（機能的關係、故障發生的因果關係）。

3.14 分析故障原因之「故障樹分析（FTA）」(2)

1. OR 是月牙形

請看圖 3.6 的右側上欄。以粗線所畫的圖即爲故障樹。其中顯示月牙形之圖記號即表示 OR。因此，稱此圖形記號爲「OR 窗口」。

亦即此故障樹，是表示「元件 1 或元件 2 故障的話，系統整體即故障」之意。在下圖中列入具體的故障名稱時，哪一故障與哪一故障是 OR 的關係，哪一故障時會使系統故障，即可一目瞭然。

又在同一欄內，想以記號表示 OR 的關係時，可使用∪的符號。亦即表示如下：

$$F = F_1 \cup F_2 = F_1 + F_2 - F_1 \cdot F_2$$

2. AND 是半圓形

請看圖 3.6 的右側下欄。此處的圖形也是故障樹。其中半圓形即是表示 AND 的圖記號。此圖形記號即稱之爲「AND 窗口」。

亦即，此故障樹是表示「元件 1 及元件 2 同時故障的話，系統整體即故障」。

又，AND 的關係擬以記號表示，可使用∩的符號。表示如下：

$$F = F_1 \cap F_2 = F_1 \cdot F_2$$

3. 故障樹是表示不可靠度的關係

由前面的說明想必有所了解吧！故障樹是考察「故障是在什麼樣的條件下發生的」，所以以圖記號表示不可靠度之關係（故障發生之因果）即爲故障樹的基準。

因此，直列模式時即用 OR 的圖形記號，並列模式（並列複聯）時即以 AND 的圖形記號表示。

■ 以故障樹進行故障解析稱之為「故障樹分析（FTA）」

在實際的故障樹中，一個樹中含有幾個的 AND 與 OR，由部分（元件）到整體的故障也有好幾個階段，顯得相當的複雜。

總之，利用此種的故障樹，將系統或裝置的故障加以分解展開至故障原因之解析方法稱之爲「故障樹分析」（fault tree analysis, FTA）。

■ 故障樹分析的實際情形

爲了更了解故障樹分析，今以圖 3.7(a) 具有二個電熱器之房間對於「溫度完全降低」的事項〔此稱爲上層事項（top event），與前面所敘述之「系統整體的故障」相當〕，以 FTA 加以解析的例子來說明。

圖中的○圓形記號或◇菱形記號，是表示形成基本故障原因的部分（零件）故障與人爲失誤。

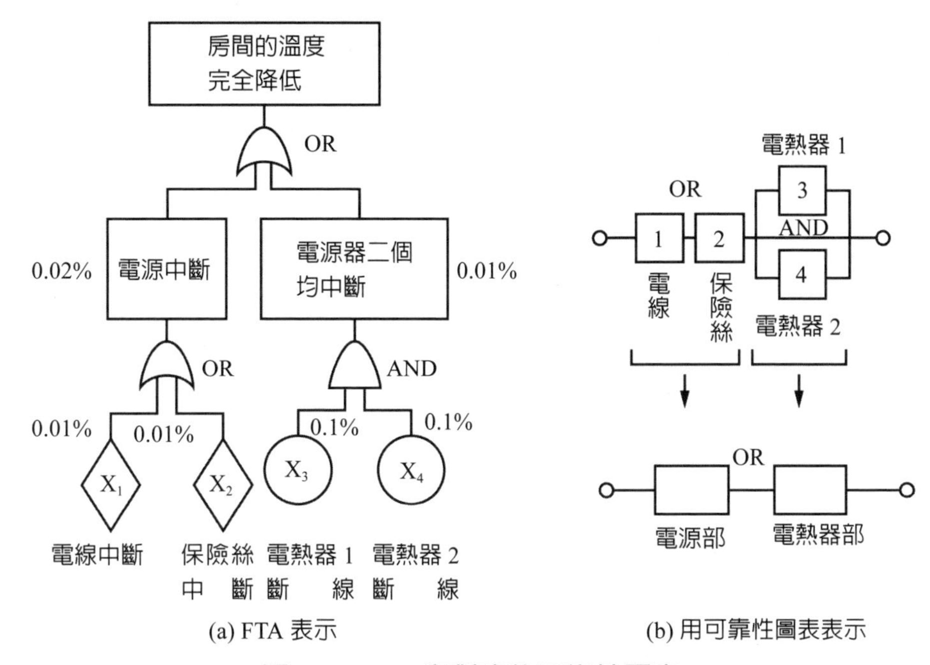

(a) FTA 表示　　(b) 用可靠性圖表表示

圖 3.7　FTA 與對應的可靠性圖表

○記號稱為基本事件，這是不能再分解的故障型態與失誤形態。菱形係有需要將原因再加以分解，但眼前視為一個事件予以表示的部分。此時，電熱器的斷線相當於前者，保險絲燒斷、電線不通即相當於後者。

以長方形所圍起來的是房間、電熱器、電源的故障事件（在人的操作與行動上所發生的人為失誤也包含在內）。首先分解最上層事件的故障（或機能喪失）。此處的「電源」或「二個電熱器」任一（OR 窗口）故障時，即表示房間的溫度降低。

另外，雖然有一電熱器中斷，室溫也不會完全降低，所以此個電熱器構成並列複聯系。因此，右枝先端的 X_3、X_4 的不可靠度是以 OR 窗口連結著的。

3.15 分析故障原因之「故障樹分析（FTA）」(3)

另一方面，保險絲中斷或電線中斷之異常，即使發生了其中一個，即會立刻造成電源全體的故障，故爲一直列模式，當然是以 OR 窗口連結的。

列舉此種故障的原因，與品質管理上經常使用的特性要因相類似，然 FTA 是著眼於邏輯的關係，是更爲進步的方法。

■ FTA的優點

1. 能了解故障之間的關聯，並且能診斷故障

圖 3.7(b) 是用直列、並列之對等圖來表示圖 3.7(a) 之相同內容。與之相比，故障樹在繪畫的時候似嫌麻煩，可是故障之間的關聯很清楚，可活用在故障的診斷上。

2. 記入不可靠度，即可了解改善的重點

寫在圖 3.7(a) 中的數値爲不可靠度之値。X_1、X_2 的不可靠度如果知道的話，電源的不可靠度 0.02% 即可由式 3.5 求得，X_3、X_4 的不可靠度如果知道的話，電熱器的不可靠度 0.01% 即可由式 3.4 求得。

亦即，只要觀察此類數值，即可發覺出何處改善較好，那一故障對全體會有影響。

3. 即使記入不可靠度以外的數値或分類記號也可使用

故障樹是圖示故障原因之關係者，各故障原因之處不限於不可靠度，記入故障率或故障所帶來的損失（成本）亦可。

此外，把故障的重要度以 A、B、C 等級之區分記入分類記號，即可看出整體的傾向與改善的指針（此與 3.17 節的 FMEA 法也是相通的）。

知識補充站

FMEA（failure mode and effect analysis，失效模式和效果分析）是一種用來確定潛在失效模式及其原因的分析方法。具體來說，通過實行 FMEA，可在產品設計或生產工藝真正實現之前發現產品的弱點，可在原形樣機階段或在大批量生產之前確定產品缺陷。FMEA 最早是由美國國家航空暨太空總署（NASA）形成的一套分析模式，FMEA 是一種實用的解決問題的方法，可適用於許多工程領域，目前世界許多汽車生產商和電子製造服務商（EMS）都已經採用這種模式進行設計和生產過程的管理和監控。

Note

3.16 按故障發生的順序進行「事件樹分析（ETA）」

■ 事件樹分析（ETA）是解析由故障原因到結果的步驟

ETA 是 event tree analysis 的簡稱，event 一般解釋爲事件，但在學術或工業的領域裡是稱之爲「事件」。因此 ETA 譯之爲「事件樹分析」。

事件樹分析（event tree analysis, ETA）起源於決策樹分析（簡稱 DTA），它是一種按事故發展的時間順序由初始事項開始推論可能的後果，從而進行危險源辨識的方法。

一般事故的發生，是許多原因事件相繼發生的結果，其中，一些事件的發生是以另一些事件發生爲條件，而一事件的出現，又會引起另一些事件的出現。在事件發生的順序上，存在著因果的邏輯關係。事件樹分析法是一種時序邏輯的事故分析方法，它以一初始事件爲起點，按照事故的發展順序，分成階段，一步一步地進行分析，每一事件可能的後續事件只能取完全對立的兩種狀態（成功或失敗，正常或故障，安全或危險等）之一的原則，逐步向結果方面發展，直到達到系統故障或事故爲止。所分析的情況用樹枝狀圖表示，故稱爲事件樹。它既可以定性地了解整個事件的動態變化過程，又可以定量計算出各階段的機率，最終了解事故發展過程中各種狀態的發生機率。

FTA（故障樹分析）是把故障後的結果（譬如裝置故障）分解爲零件的故障型態或人爲失誤型態（基本事項）等原因之解析法，相對的，ETA 是由故障原因向結果按發生的時間順序系列的進行解析的方法。

亦即，以故障原因爲起點，把不理想事件的連鎖、波及，按時間系列的方式，於途中切斷此不理想的連鎖，針對以下：

1. 要如何做才不會造成故障或不安全？
2. 這些之發生機率有多少？

等進行解析的一種方法。

此方法不光是可靠性，在安全性解析方面，也經常使用爲其最大特徵。

■ ETA的實例——燃燒事故的解析

以事件樹分析的實例來說，請看圖 3.8，試進行燃燒事故的解析與其評價看看。此圖是以工廠的可燃物洩漏發生火災，最終人員得以脫離所做成的系列圖。根據此事件樹，即可計算事故機率（亦即評價）。

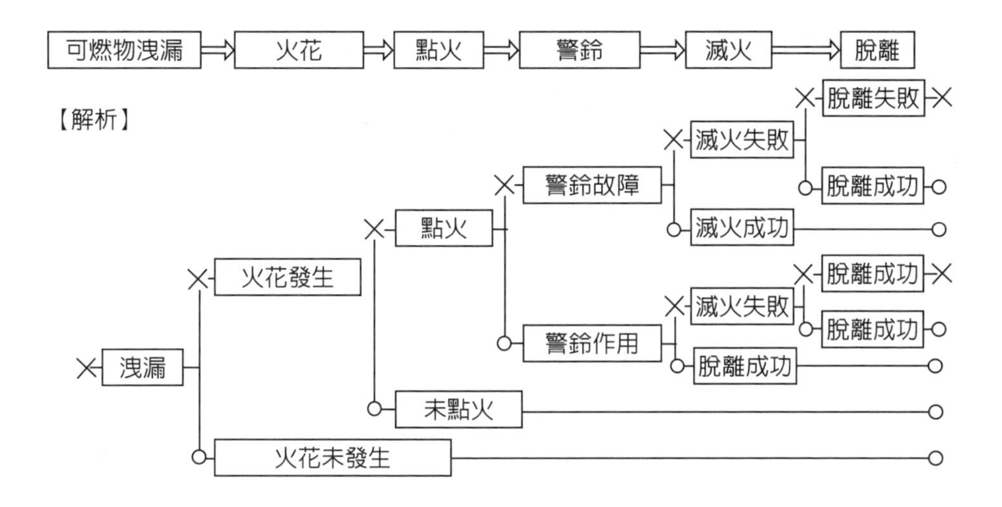

【評價】

危險層次		初期原因		結合要因	控制、迴避要因	發生機率 F
		洩漏	火花	點火	警鈴、滅火、脫離	
IV	死亡	10^{-4}	10^{-2}	10^{-2}	無法脫離 10^{-2}	10^{-10}
III	損失大	10^{-4}	10^{-2}	10^{-2}	警鈴故障滅火失敗 10^{-1}	10^{-9}
II	損失中程度	10^{-4}	10^{-2}	10^{-2}	滅火成功 1	10^{-9}

圖 3.8　利用 ETA（事件樹分析）分析與評價燃燒事故

圖中的表是把損害的層次分成四個階段，對於較大的Ⅱ、Ⅲ、Ⅳ發生機率，是參考過去的事例而求得者（損害層次最低的Ⅰ，由於是可能忽略損害的層次，故此處略去不計）。

由此表似乎可以了解，死亡機率是由洩漏的機率 10^{-4} 到「無法脫離」的機率 10^{-2} 全部乘起來即得 10^{-10}（100 億分之一）。

另外，初期原因及結合原因所有的機率均相同，因Ⅱ～Ⅳ之差異，與最後的控制（警鈴運作）、迴避（避難）是否良好有關。

3.17 解析故障的影響——「故障型態的影響分析（FMEA）」

■ 故障型態的影響分析

FMEA 是 failure mode and effects analysis 的簡稱，中文稱爲故障型態的影響分析。在下位層次（零件）發生之故障型態或人爲的失誤型態等原因，由機能上來看，對更複雜的上位層次系統的故障會有何種之影響？其影響的程度如何？可能有哪些對策？有無改善方法……，做成表而後逐次解析的方法。

此方法不僅是可靠性／維護性，對於安全性的評價也經常使用，此時即稱之爲危害分析（hazard analysis）。

■ FMEA是不一定需要實測值的相對評價

FMEA 是相對評價，並不一定需要像故障率之類的實測值、預測值。作爲相對評價的項目，主要有以下幾項：

1. 該故障對系統的影響度（記號 E）。
2. 該故障的發生頻率（記號 P）。
3. 訂立對策的容易性或對策所容許的寬裕（修理）時間（記號 τ）。
4. E、P、τ 的總分即致命度。

這些之分數（點數）例，如表 3.5 所示：

表 3.5　E、P、τ 的分級例

等級	影響度（E）	發生頻率（P）	對策的寬裕時間（τ）
1. 9～10 點	catastrophic（突發性）	極易發生	無寬裕
2. 6～8 點	major（大）	易發生	短
3. 3～5 點	minor（小）	時時發生	長
4. 1～2 點	insigni ficant（輕微）	幾乎不發生	無限制

■ FMEA也考慮「共同故障型態」

FMEA 的對象是原因面之零件故障型態與人爲失誤，不僅是單一故障型態，像許多部位共同發生之共同故障型態也必須加以考慮。

譬如，像空調機的不順暢、不完備，反而使灰塵散落各處，因溫度上升而發生裝置故障、設計缺陷、運用維護失誤、錯誤的預測判斷、颱風、火災、雷擊等。

表 3.6　維護效果解析（CMA）例

船名＿＿＿＿＿＿
系統名＿＿＿＿＿＿　　　　　　日期＿＿＿＿＿＿

子系統	構成品	零件	故障型態	故障的影響	保全作業內容	修理要求事項		
						技能層次	工數（人·時）	備用工具等
潤滑子系統	潤滑油冷卻機	配管部	腐蝕 因物質析出而阻塞	循環水帶來潤滑油污染 冷卻能力降低	配管部更換	基地修理要員	依賴配管數	不需要特別的工具

停機時間		修理容易性		修復緊急度 τ			補助的解析	致命度C	對策勸告	其他的建議
分配 M(τ)	數據來源、數據品質	修理場所	機率P	立即	稍後亦可	緊急度				
指數分配 MTTR = 10h	良好	船上	0.8	×		1.0		I*	準備塞子與備件的軟管	阻塞故障的軟管進行臨時性的應急修復

* 致命度 C 的等級 I：無特殊的備用工具，在船上可能
II：在船上可能，要有特殊的修理備件與工具
III：需要特殊技能、設備，在船上不可能

■利用範圍廣的FMEA

此 FMEA 當然可用於設計階段裡的評價，對於工程中之失誤、變動等之評價、變更管理、試驗方法、成本有效度的相對評價也可使用。

此外，不僅是硬體的故障，軟體的故障或缺陷（電腦程式的失誤、處理上的失誤、維護程序單或處理說明書的失誤）的評價也可使用。

其中一例，有稱之爲「維護分析法」（corrective maintenance analysis, CMA），如表 3.6 所示。

此有助於維護計畫、備用計畫、補給計畫（logistic planning）、維護度、可用度的評價。

在生產設備中，以致命度的評價項目來說，可加上產品的生產（P）、品質（Q）、安全性（S）等之評價項目。

3.18 可靠度試驗的重要性與問題點

自前述爲止，已說明了可靠性／維護性所需之解析與預測方法，本節是說明可靠性試驗與其有關的事項。

■ 為何可靠性試驗需要

可靠性試驗廣義來說，不僅是設計，凡從製造到使用、維護的各階段，都是需要的。特別是在設計階段裡，從事前檢出、除去缺陷、弱點，以及是否能達成所期望的可靠度之觀點來看，是不可欠缺的工作，與前面所敘述的各種預測法有著不可區分的關係。

譬如，以直列模式來計算，在決定故障率之值時，實際的試驗與現場使用的數據是非常需要的。而且並不光是預測（計算），對於試製元件等，即使少數也行，實際地加以試驗，這在獲得技術上的信賴上是很需要的。

圖 3.9 資料雖嫌老舊些，然而卻能說明太空開發初期美國的火箭的可靠度是如何改善之可靠度成長曲線。

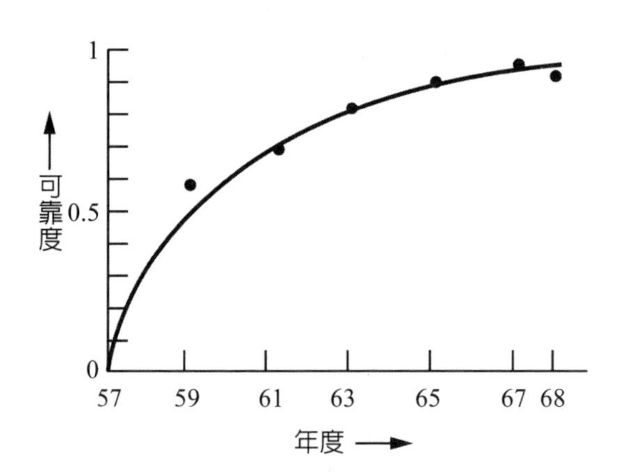

圖 3.9 火箭發射的可靠度成長曲線，可靠度（發射成功率）達到 50% 是需要 20 次以上的發射試驗的

根據統計知，發射成功率（可靠度）達到 50% 是需要 20 次以上的發射試驗與改良，這說明了包含試驗在內的技術儲存是多麼重要。

■ 可靠性試驗的問題點

可靠性試驗在實施上還有許多困難的問題，主要的有以下幾種情形。

1. 在試驗次數、試驗時間方面有限制的情形甚多

耐久、環境試驗等由於是破壞檢查，所以全數檢查是很困難的，且樣本數或試驗時間也有所限制。

若以故障來說，欲實證 $\lambda = 1/10^6$ 小時的話，總試驗時間至少需要 T = n（樣本的大

小）×t（試驗時間）= 10^6 小時（譬如，把 n = 10^3 個，進行 t = 10^3 小時的試驗）。因此，在統計上欲實證故障率時，即發生何處有界限的問題。

2. 有需掌握主要的應力與故障結構的對策

在尋找重現實際故障之試驗條件方面，必須好好調查實際使用條件，且要好好研究主要應力與故障結構的應付對策。

此事對於查核、監視非破壞性的機能，以及利用短期間的試驗除去零件中的缺陷品之篩選，也可以說是相同的。

3. 決定試驗的分配與總合的方法

實施可靠性試驗時，像是在試製階段或實際使用前的何時實施；在哪一點進行試驗時有產品保證的控制作用（零件層次、元件層次或者整個系統）；如何進行試驗的分配與總合，此等事項必須事先決定好。

因之，應該重點性的調查，哪些可以利用 FMEA 等加以檢討。

■ 可靠性試驗的基本「篩選」「除錯」

1. 在製成產品之前除去缺陷零件即是「篩選」的工作

在產品的設計、試製的階段與製造階段裡，零件或材料中總是會潛在著容易故障的缺陷。在製造良品方面，應該及早且在短時間內除去此種缺陷零件是有需要的。

此種缺陷的試驗稱之為「篩選」（screening），通常為了及早去除故障，有採取稍加稍高應力（譬如高溫、高濕度、振動或週期試驗、熱衝擊等）的方法。

在原理上，對良品是沒有影響的，像只是驗出缺陷品之非破壞性方法是最理想的。

此篩選在除去裝在裝置內之零件或元件的工程缺陷，或完成零件及元件的選別上，是不可欠缺的。

2. 在裝置開始使用時，使之操作以找出初期缺陷即為「除錯」

在製造工程途中，像材料或零件的良品選別、不良品去除，即為篩選（screening），相反的，在開始使用完成的裝置時，不妨操作看看，當找出不良零件則以良品交換，經修整之後使初期變動安定化的過程，即為「除錯」（debugging），亦即「熟悉」期間。

從裝置之中的零件來看，在此時期也是會被篩選的。

知識補充站

可靠性試驗

為驗證產品可靠度是否滿足最客觀、有效的方法，依據可靠度語彙，可靠性試驗包括有性能試驗、環境試驗、壽命試驗三種：

1. 性能試驗（performance test）：固定時間與使用條件兩項因素，而且是在標準的環境條件尋求產品性能範圍與變化情形。
2. 環境試驗（environmental test）：固定時間與性能，尋求環境條件對產品的影響。
3. 壽命試驗（life test）：固定環境與性能，尋求時間對產品的影響。

3.19 設計審查的重要性與其步驟

■ 設計審查是可靠性管理的重要步驟

1960 年代美國國家航空暨太空總署（NASA）的研究發展工程人員發現，在傳統的設計—發展—製造過程中，設計修改繁多，人力、時間、成本所費不貲，乃想出充分利用長期匯集之資料及工程人員之經驗與智慧，於設計過程中逐段進行審查，及早發現問題加以改正的方法，名之爲「設計審查」（design review, DR）。由於效果良好，遂由太空系統之研究發展而推廣應用於軍用裝備民間工業。

日本科學技術連盟（JUSE）於 1976 年在該組織設立「可靠度設計審查委員會」，並進行調查設計審查在日本工業界引進應用的狀況，研究適合於日本產業的設計審查方法。接著於 1977 年出版《設計審查指南》，並積極加以推廣，產業界應用的效果顯著。

國內產業界於民國七十八年推展 ISO 9000 品質管理系統時才普遍注意到設計審查，適用 ISO 9001 的業者須依「設計管制」一節的要求實施設計審查，汽機車產業則須依 QS 9000 及 ISO ITO 16949 實施設計審查。未來各企業只要從事研發設計自創品牌，就該善用設計審查獲得精良成品。

設計審查（design review, DR）是在產品或系統的設計、開發的途中，不僅是可靠性、維護性，舉凡成本、機能、安全性、使用性、設計、服務、維護等與設計有關聯的諸多要素有無不周到的地方，品質上是否保持均衡等，經各領域的專家聚集在一起，有組織的且客觀的進行評價，於事前謀求改善之謂，是可靠性管理的重要步驟之一。

因此，設計審查（DR）的成員是由設計、製造、品管、檢驗、維護、服務、採購材料、工具、包裝、VE（value engineering，價值工程）之專家及使用者代表所組成。

■ 設計審查如何進行

設計審查一般按設計的進度如初期（構想階段）、中期、後期（最終）等重複進行。

在此集會上，譬如提出了可靠性、維護性的預測、解析（FMEA、FTA 等）結果、試驗的數據、成本數據等即可作爲判斷的基準。表 3.7 是用於設計審查較具代表的查檢表例。

表 3.7　代表性的設計審查查檢表

審查項目	是	否	不適用
①設計規範有否全部包含顧客的要求事項？ ②設計是否滿足所有機能上的要求事項？ a. 是否涉及到負荷、電壓等整個範圍且最大應力是否在界限內？ b. 為增加可靠性，在可能的範圍裡是否使用降額？ c. 設計在單純此點上是否最適？ d. 有否考慮致命性要素的故障型態？ e. 是否使用著適切的上鎖（locking）裝置？ ③設計對所有的環境條件有否滿足？ a. 溫度（動作、輸送及保管） b. 振動（運作及輸送） c. 衝擊（運作及輸送） d. 腐蝕環境（鹽風、海水、酸等） e. 外部物質（塵、池、沙等） f. 浸漬（水、池、不活性液等） g. 壓力或真空 h. 磁場 i. 聲音的環境 j. 天氣 k. 電波干涉 l. 核放射 ④關於同種設計的有用資料是否對以下加以審查？ a. 工廠試驗中的缺陷報告 b. 市場服務中的問題點及故障報告 c. 顧客的抱怨 ⑤標準的以及時間上試驗過的配件是否儘可能加以使用？ ⑥圖面或規範的公差在製造中能否達成？ ⑦設計有否考慮到使製造設備的問題最少？ ⑧設計有否考慮到使維護的問題最少？ ⑨有否進行總合性的成本分析（VE）？ ⑩有無進行產品的外觀研究？			

3.20 製造、出貨、服務、營業中的可靠性

■ 製造階段中的可靠性——有影響的4個M

在製造階段中，必須顧及以往品質管理中所重視的工程、設備設計、工程管理、環境管理、設備管理、變更管理、人員的教育與訓練、轉包與關聯公司的技術水準的提高與合作等。

譬如，衆所周知的以下四個是影響可靠度的因子：

1. 資材（material）：好的零件、材料、採購、認定、運送等的環境。
2. 人員（man）：士氣、教育訓練、技能水準的提高、自主管理、小集團活動、人爲失誤的防止。
3. 機械（machine）：不會做出缺陷的製造設備的設計，自動化、製造環境、模具治具等之配備與管理、防呆設計（fool-proof）、故障安全性（fail-safe）。
4. 方法（method）：檢討工程管理（特別是工程的管理項目）、人爲失誤等與完成品故障的關聯，譬如 FMEA 的利用等，外包管理、設備的維護與維護方式的研究（譬如預知維護）、開發短期篩選法、去除工程上的缺陷產品、除錯、初期活動管理、變更管理、文件管理（管理紀錄的維持）。

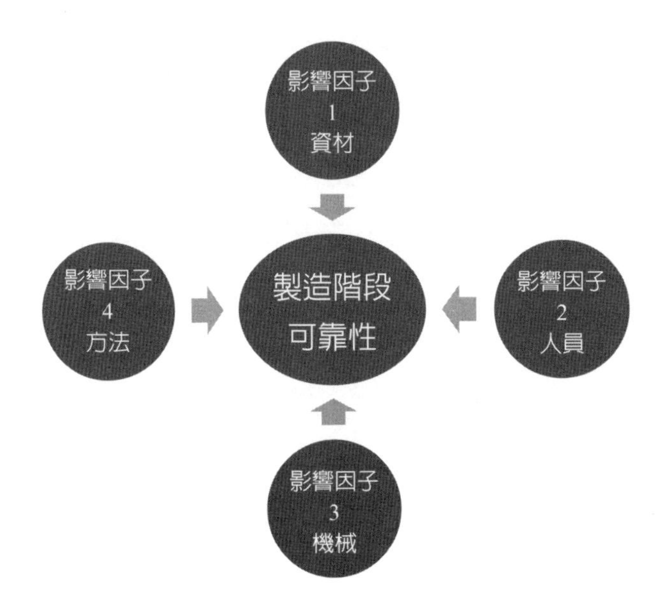

■出貨、服務的可靠性

原本的品質保證就是保證顧客的滿意，系統或裝置的眞正價值，是交付給使用者之後才會被追究的。

因此，由工廠出來到交給使用者，譬如輸送、保管、包裝等之周遭環境，與裝卸有關的問題，以及使用者的使用狀況與客訴，故障品的解析與對策是多麼的重要是無庸置疑的。

使用的可靠性，若隨隨便便不加重視，那麼專程生產出來的好產品，在最終來說也會失去可靠性的。

■營業的可靠性

位於設計、製造之前的營業部門，必須及早掌握使用者的意向，且把已取得成本均衡（cost balance）的可靠性／維護性，向使用者推銷出去才行。

因之，對於產品的可靠性、維護性、安全性來說，需要有說明的知識讓使用者能了解。營業可以說是「信賴」的窗口。

3.21 維護與可靠性／維護性管理(1)

到前節爲止，是以系統、產品的設計、製造、使用的立場來談可靠性，製造這些產品之製造設備或廠房的維護，以及飛機、原子力設備等之維護，也是非常重要的領域，與 R／M 活動可以說有密切的關聯。

近來在此領域中，積極的引進可靠性／維護性的技術與管理，已獲有甚大的成果。

■ 採用可靠性的維護技術——民航機的情形

以採用了可靠性／維護性技術來說，今舉民航機爲例來說明。在民航機的設計上，引進了基本的可靠性、維護性設計的想法與方法，維護也是由以往的定期交換（overhaul）等之預防維護，向基於事實採行更合理的可靠性管理方式去做改變。

表 3.8 是說明在日本航空（JAL）裡飛機的維護作業中，定期維護的分類與機體的維護時間界限值之變遷情形。

到了 1975 年，在稱之爲巨無霸的 B747 與 DC10 的飛機中，不安排定期交換的 D 整備〔定期交換的間隔稱之爲 time between overhauls（TBO）〕，把維護項目分散在定期點檢的階段中。

又在此 B747、DC10 中，有所謂 H 整備（hospitalization），以 2～2.5 年一次的頻率進行需長時間的改修、機體構造的抽樣檢查。這是沒有時間界限的約束，在作業計畫中賦予了自由度。

■ 進入巨無霸飛機時代後維護有顯著的變化

民航機進入巨無霸飛機的時代後，在維護方面有顯著變化，其情形如下。

1. 從一開始起即不易故障，且是容易修復的設計

針對民航機引進可靠性工程的想法，解析事故的原因，對每一零件設定可靠度目標，爲達成該目標實施了可靠性／維護性設計。

2. 可靠性能被驗證

所設計的系統是把一小時的飛行設想爲一日進行 6 次，進行 10 萬日的飛航模擬，以進行可靠度的驗證。

3. 採用狀態監視維護

如第 2 章所敘述，在維護中設定時間界限進行元件的交換、定期交換，只有當故障率在服從 IFR 型之前實施方爲有效。

可是，DFR 型與 CFR 型的零件，在原來的情形下何時故障不得而知，因此調查使用途中的狀態，若事前出現故障症狀的現象時，像是狀態中的維護（on condition maintenance）與狀態中的偵測（on monitoring）等之狀態監視維護，也就受到重視。

表 3.8　飛機定期維護的時間界限（時間間隔）的變遷：民航機的情形

維護的種類＼機種	B727	DC8	B747（巨無霸）	DC10（巨無霸）
日常點檢　A 整備	35	100	200	150
日常點檢　B 整備	300	500	800	—
定期點檢　C 整備	1,600	1,700	2,700	2,000
定期更換　D 整備	TBO = 10,000	15,000	—	—

註：在定期維護中除此之外還有飛行前點檢（T 整備）。

■ 在巨無霸飛機的維護中，狀態監測維護的比率最高

基於以上所述的理由，除了以往的定期交換方式〔簡稱爲 HT 方式（hard time maintenance）〕之外，並非是定期交換，而是把同種元件擺在一起安裝於機體之後，定期的加以試驗，而且，只在出現問題時才實施維護的「狀態維護方式」（on condition maintenance）以及「狀態監測方式」（on condition monitoring）等，也到該受重視的時候了。

在 1950 年當時（DC6B 時代）雖然是 100% 定期方式，可是到了 1975 年巨無霸飛機時代，各維護方式的比率是：

定期交換：狀態維護：狀態偵測 = 5：20：75

而且定期交換（HT）的點檢間隔 TBO 如表 3.8 所示，大幅延長爲 1960 年時候的 10 倍，定期交換的點數也爲 1960 年代的 1/10。

又出發可靠度 $R_{出發}$，從 85～90% 提高到 95～97%〔一般的航空公司定義爲：$R_{出發}$ = 1 –（15 分以內的延誤次數／總出發次數）〕。

3.22 維護與可靠性／維護性管理(2)

■ 根據可靠性管理之飛機維護計畫

飛機的維護是依據可靠性管理來進行，以圖 3.10 所示之結合維護性計畫（maintenance program）與可靠性管理計畫（reliability monitoring and improvement program）的方式來實施，解析數據有助於診斷、改善。

另外，監視的對象可分爲：1. 個別的元件、零件之故障或機能有關的資訊；2. 利用總體的統計飛行數據來監視。

飛行檢查

停機線維修檢查依停機時間區分，包含有飛行前檢查、過境檢查及過夜檢查。至於 A 級檢查與不需按飛行日進行的停機維修，一般都利用每日飛行任務完成後進行。A 級檢查的飛行時間間隔約為 500 小時。

主基地維修：定期維修又稱為週期檢查。就像一般汽車通常有5,000／10,000／20,000 公里的保養，飛機也有這樣的定期保養。只不過，飛機不是用飛行公里數來計算，而是用「起降次數」、「飛行小時」、「日曆年」來計算，並依據實際的飛行時間決定要執行什麼樣的檢查和保養。保養又分為「A」、「C」和「D」三種等級。一般來說，約每 500 個飛行小時會執行一個 A 級的保養和檢查。約至少 1 年以上進行一次 C 級、至少 5 年或 2 萬 5 千小時以上進行一次 D 級的保養和檢查，然後依此反覆執行，直到飛機報廢淘汰為止。基本上，除 A 級的保養和檢查外，定期維修的工作大都在飛機廠棚內執行，也因為大多是例行性的工作，所以工作的時間比較容易掌控。C 級檢查則是飛機基礎結構檢修，包含 A 級檢查和主要零件的更換。有些機種做大修 C 級檢查而無 D 級檢查。

D 級檢查又稱大修或翻修，是最高級別的檢修，多數飛機在這檢查中進行改裝、更換組件與檢查主要結構。

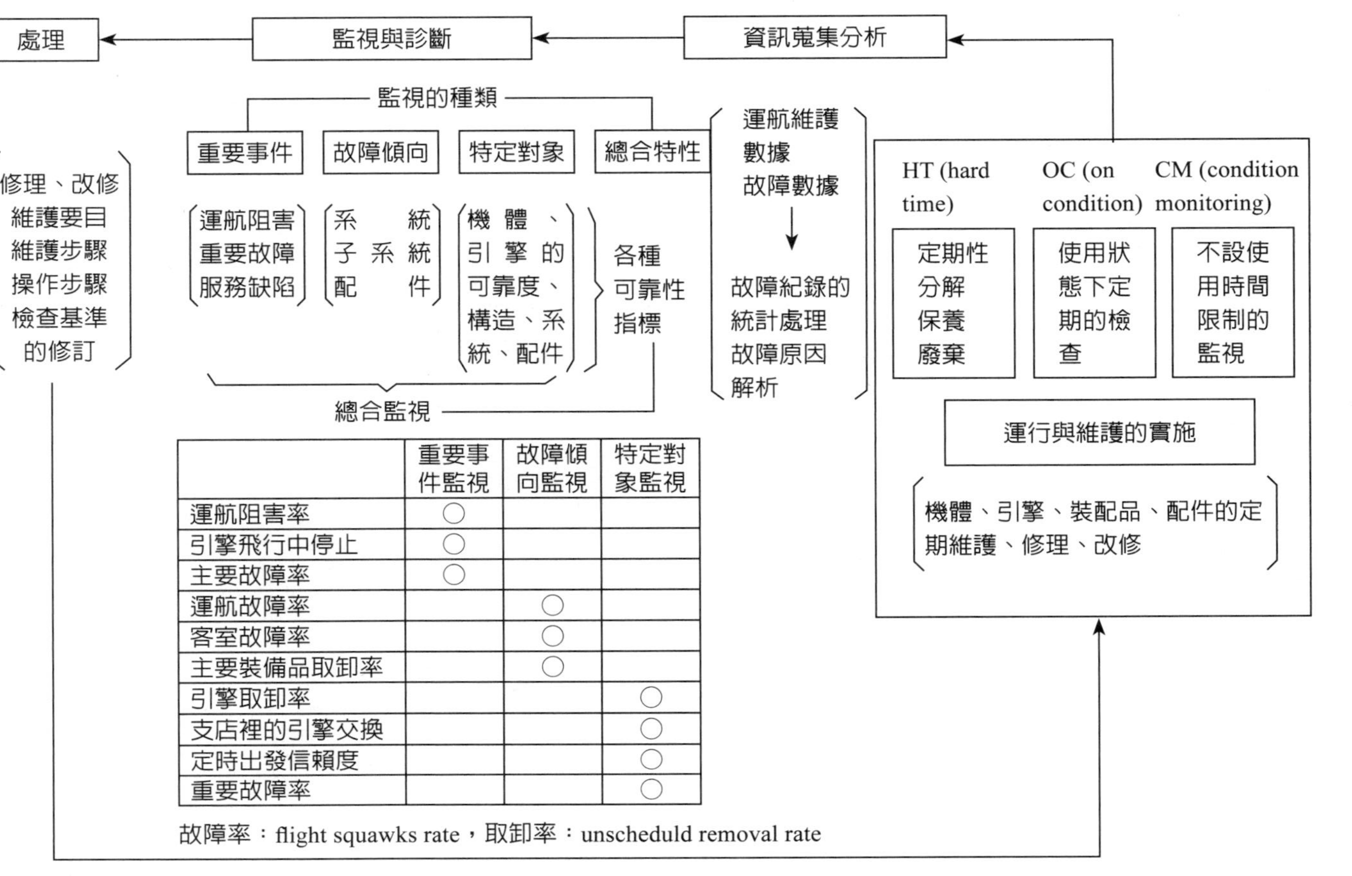

	重要事件監視	故障傾向監視	特定對象監視
運航阻害率	○		
引擎飛行中停止	○		
主要故障率	○		
運航故障率		○	
客室故障率		○	
主要裝備品取卸率		○	
引擎取卸率			○
支店裡的引擎交換			○
定時出發信賴度			○
重要故障率			○

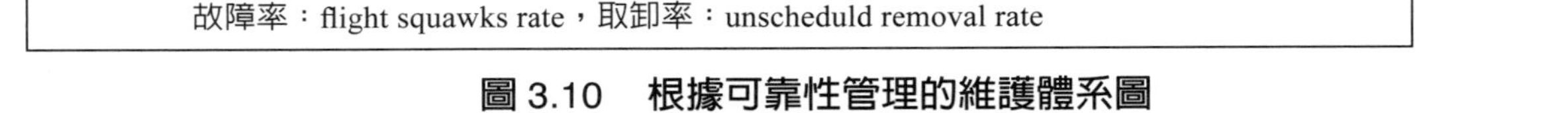
故障率：flight squawks rate，取卸率：unscheduld removal rate

圖 3.10　根據可靠性管理的維護體系圖

Note

第4章
維護技術與可靠性／維護性的關係

本章是從維護技術的立場來說明可靠性／維護性之有關事項。亦即，維護的分類、MTBF 的解析例、可靠度與可用度的尺度、成本有效度的計算等。

不用說，獨特維護的 R／M 技術由於並不存在，在維護技術上有需要積極的應用其他章節所敘述的基本想法與技術。

4.1 對設備的維護來說，R、M、A技術是不可欠缺的

■ 與設計、製造一樣重要的維護部門——其表徵是「總合設備技術」

不管是製造者或是使用者，忽視裝置或系統的維護是無法討論 R / M 的。

從使成本有效度最大的觀點來看，設計、製造的努力是理所當然的，維護部門對這些裝置應如何實施合理的維護，也是會影響企業的實績。

說明此種傾向的一個例子，可以說是 1970 年英國所發起的設備綜合技術（terotechnology）。此技術除了重視固有技術與其品質之原有維護實務外，也引進了可靠性 / 維護性的設計、管理技術，使工廠的經營能更爲提高其成本有效度。

■ 維護部門在可靠性 / 維護性中的任務

從可靠度 / 維護性的觀點來看，維護部門應做的工作甚多，主要的有以下幾點（不用說，此時的對象是可修復的系統與裝置）。

1. 維護技術可使設備的成本有效度提高

剛好與醫師對人的關係是一樣的，維護技術者基於設備有關的具體知識與資訊的有體系地儲存，謀求技術開發，提高設備的成本有效度，包括生產力提高、省能源、省資源、產品品質的提高等。

2. 蒐集與設備有關的數據，使技術或經營的問題點明確

經常有計畫的蒐集故障數據、故障現物、環境數據、設備的履歷、成本數據等。然後，根據此種資訊，查明與成本有效度指標、R / M 指標（MTBF、故障率、A 等），重要故障與人爲失誤、環境因子、技能及工程因子之關係等，以使技術上及經營上的問題點明確。

3. 根據數據的解析、評價進行設計改造、設備診斷技術的開發

根據 2. 所敘述的數據的解析、評價，視需要進行設備的 R / M 設計、改造、技術開發、教育開發、教育訓練等。在設備改造方面，則實施第 3 章所敘述的各種評價、設計審查等。

並且，實施有關聯的各種管理，譬如，包含維護的重點分配、維護方式、維護及補給計畫的規劃與設計，監視維護等在內之設備診斷技術維護及補給的開發，以及診斷系統的設計。

4. 與關聯部門的協調，順利推進 R / M 計畫

透過有組織的小組或圈活動，謀求技術與技能的提高，藉著與關聯部門的交流、協調，推進 R / M 計畫。

知識補充站

設備綜合技術的英文原名為 terotechnology，原意為「具有實用價值或工業用途的科學技術」，它作為現代管理的一門新興學科而不斷發展。設備綜合技術是英國人丹尼斯・巴克斯提出的。1970 年，在國際設備工程年會上，英國維修保養技術雜誌社主編丹尼斯・巴克斯發表了一篇論文，題目為《設備綜合技術——設備工程的改革》，第一次提出這個概念。

設備綜合技術的思想是產業技術進步的必然結果。與此同時，美國的後勤工程學、日本的全員生產性維護（TPM）思想，都相繼出現或成熟。所有這些理論，雖然隨國情不同而各有差異，但其精髓部分是相同的。這些思想互相學習和借鑑，相互促進和發展。

由於英國工商部的大力支持和推行，在短短十幾年裡，設備綜合工程學在英國發展得很快。一方面，各種機構的設立、刊物的出版、大學專業的設置，使設備綜合工程學的思想得到迅速地傳播；另一方面，廣大企業經過實踐，針對設備週期中的薄弱環節採取措施，取得了經濟成效，這一觀點被更多的廠長、經理和工程師所接受。於是在企業得到越來越廣泛的推行。

自從丹尼斯・巴克斯提出設備綜合工程學的理論以來，這一觀點得到國際上廣泛的認同和接受。

日本成立了專門組織開展壽命週期費用和狀態監測研究，取得很大成效。

在全世界有 120 多個從事設備綜合工程學的教育、培訓和研究中心。

4.2 維護的分類

■ 維護的一般分類

第 2 章（圖 2.5）中曾分類過維護時間，但與此不可分割的維護（保養、點檢、檢查、修理、交換等）應如何加以分類則是問題所在。

分類的方法雖無法千篇一律予以規定，然而，不妨就當前的表 4.1 分類加以考察看看。

表 4.1　維護的分類（m 為維護的簡稱）

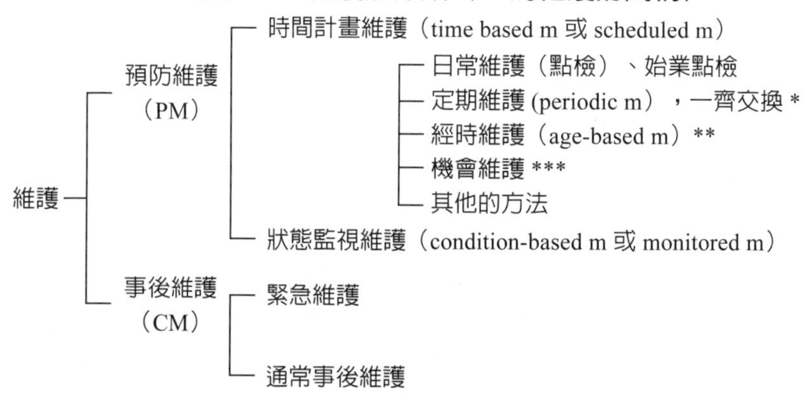

* 較低廉的元件定期的一起進行維護、交換
** 個別的操動到了某一時間（年齡）時即交換
*** 聚集數個元件一起更換

■ 預防維護的分類

1. 時間計畫維護

這是以故障的發生時間、壽命時間的分配、故障率的類型（特別是對於 IFR 型的集中故障其預防交換的可能性等）等之知識爲基礎的維護（關於此基礎性的想法與方法，容於第 5 章說明）。

2. 狀態監視維護

此如第 3 章所說明的，依據對象的故障結構去監視對象的狀態，視其狀態所進行的維護。

雖談到狀態但不光是就事而論的變數，按對象以系統的故障率及 MTBF 等之統計量來診斷仍是有甚大的利處。並且，從狀態量如能預知故障發生時，此即稱爲預知維護（predictive maintenance）。

■ 維護在工廠工程的範疇中之分類

維護或維護時間的分類，依業種、技術領域而異，並且也依系統或設備的構成，甚至作業動作形式採取何種形態（譬如：一班、三班、無人設備、間歇動作、緊急用發電設備等）而有所不同。

譬如，有集中、分散、地域維護此種維護的形態分類。在工廠工程的範疇中，將維護當作生產維護（productive maintenance）來處理，且如表 4.2 加以分類。

表 4.2　維護在工廠工程的範疇中之分類（m：maintenance）

生產維護（PM：productive m）
- 事後維護（BM：breakdown m）
- 預防維護（PM：preventive m）
- 改良維護（CM：corrective m）
- 維護預防（MP：maintenance prevention）

■ 生產維護即為成本有效度高的維護

雖出現「生產維護」這句話，然而，這是考慮設備的壽命週期成本（life cycle cost），以最低廉的費用進行最高效率生產之一種維護，亦即，意指成本有效度高的維護（考慮維護之成本有效度的想法，將在稍後說明）。

在表 4.2 中，在製作新設備時，一開始起即引進可靠性、維護性設計，製造出難以故障且容易維護的設備，此稱之爲維護預防（preventive maintenance），另外，將設備加以改良使能容易，即稱之爲改良維護（corrective maintenance）。

有時候，像零維護（zero maintenance）、無維護設計（designing out of maintenance）、免維護（maintenance free）等用語，是與高可靠度的無事故（trouble free）對應使用的。可是，由成本有效度來看，保證無故障、無維修，在完全不允許維修的情形中自是理所當然之要求，縱然可能，也不能說有效，R／M 的均衡是很重要的。

4.3 維護評價的效果尺度所使用之可用度種類(1)

對於可用性已說明了好幾次，此處擬由維護的立場來說明。因爲由維護來看時，可用性是非常重要的指標。

■ 依維護時間 τ 之取法，可用性可分為三種

與可用性相近的概念有如前所述之可動率與運轉率，以此形式（不僅是前面所寫的式子形式，每一企業均有不同的定義，有時除時間比率之外，加上生產力使用的情形也有）作爲評價維護效果的尺度。

可是，像是如何分類維護時間？系統如何構成？是作爲設計的固有指標來考慮呢？或是作爲實際運用上的指標呢？……因之，僅是 $A=\frac{MTBF}{MTBF+MTTR}$ 的定義是無法融通的。

因此，請再看表 2.1。依 τ 採取三者中之何者來區分可用度。此即爲：1. 把 τ 想成事後維護時間 ttr 之可用度，即固有可用度（inherent A；A 爲 availability 的簡寫）；2. 不用 ttr，考慮把預防維護時間包含在內之維護時間 M 之達成可用度（achieved A）；3. 考慮所有的不能操作時間 D 之後的操作可用度（operational A）等三種。

■ 固有可用度（A_i）

於設計階段討論系統或設備的可用度時，曾提到受到與故障有直接關聯的事後維護（ttr）的影響，且似乎出現多次的以 $A_i=\frac{MTBF}{MTBF+MTTR}$ 來表示（此處爲了區別各種可用度，乃在 A 的右下方附上第一個字母）。

■ 達成可用度（A_a）

由於包含事後維護與預防維護較爲實際，因之使用它的是達成可用度 A_a，以下式來表示。

$$A_a=\frac{MTBF}{MTBF-\overline{M}}$$

MTBM（mean time between maintenances）：平均維護間隔（此時的維護是包含預防維護與事後維護兩者）。

$\overline{M}$：平均維護時間（預防維護與事後維護所需時間之平均）。

此達成可用度，仍然是一種設計指標，亦即是固有可用度的一種，是表示 R／M 設計良好與否的尺度。

■操作可用度（Ao）

作爲實際狀態的可用度來說，是把所有的不能操作時間（down time）列進去，以下式表示：

$$Ao=\frac{\overline{U}}{\overline{U}+\overline{D}}$$

$\overline{U}$：平均能操作時間（mean up time, MUT）。

$\overline{D}$：平均不能操作時間（mean down time, MDT）。

如圖 2.5 所示，U 之中除實際操作時間之外，也包含待機時間，在 D 之中除實際修理時間（ttr）之外，也包含各種時間。

「固有可用度」爲在任何隨機時間，且理想的操作及支援環境條件下，產品被賦予任務時處於可用狀態的機率；「達成可用度」爲在既定情況及想支援環境（有效的工具、零件及人力等）下，系統被賦予任務時處於可用狀態的機率；「操作可用度」爲在既定情況及實際作業環境下，系統被賦予任務時處於可用狀態的機率。

4.4 維護評價的效果尺度所使用之可用度種類(2)

■ 好好區別三種可用度是非常重要的

上面所敘述三種之可用度，是分別與圖 2.5 的時間 (1)、(2)、(3) 相對應。由於各種時間的取法不同，因之在使用可用度時，必須查明此三種區分才行。

另外，可用度（或與此類似的可動率、運轉率、運用率）的指標，不止是此處所敘述的，依目的可下各種定義。譬如，運轉率也有定義爲負荷時間（U + D）之中眞正操作時間 Σ tbf = T 之比率。

$$\text{運轉率} = \frac{T}{U+D}$$

此時，在能操作時間之中實際已動作之操作時間 T 即可視爲問題所在。

■ 判斷可用度提高與否的「ARM圖表」

爲了了解 R 與 M 的改善對 A 有何種貢獻，可以使用圖 2.6。

可是，實際上不用 R、M，取而代之，使用 MTBF（或 MTBM、$\overline{U}$ = MUT），MTTR（或 $\overline{M}$、$\overline{D}$ = MDT），可以說更能反映實情。以此種時間比率來定義 A 時，如使用圖 4.1 的 ARM 圖表會更爲方便。

在此圖表上，把改善的結果予以描點時，對 A 來說，即可了解 MTBF 的改善有效呢？或是 MTTR 的改善有效呢？當然對於時間而言，按年度、月次描繪 A、MTBF、MTTR 的成長（改善）曲線也行（參照圖 2.10）。此對設備運轉的初期流動管理頗爲有效。

在設備的改善方面，只要未進行已考慮維護性設計的改善或工程設計的變更，MTTR 一般看不出會有顯著的改善。此時，在 MTBF 軸上 A 的描點是向大的一方移動。

除此圖外，「在縱軸上使用 MTTR，橫軸上使用 1/MTBF」，或在「縱軸上取 ln MTBF，橫軸上取 ln MTTR」。（ln 為自然對數）

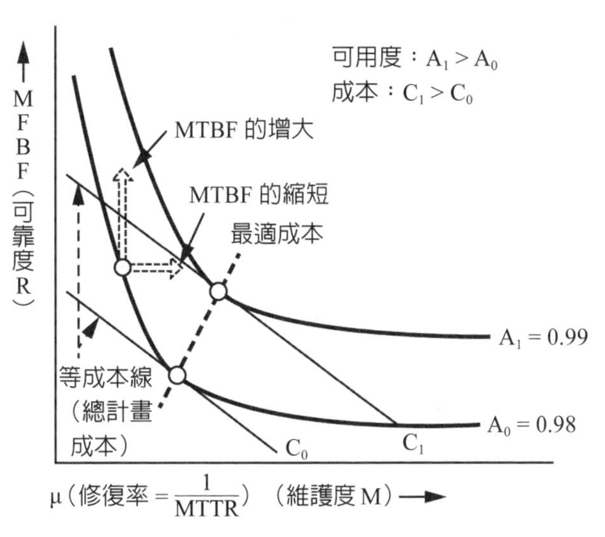

圖 4.1　A、R、M 圖表

知識補充站

一條產線有 100 台設備，其中有一台出現故障，生產停產，此時的設備完好率是 99%，實際上毫無意義。而且，設備運行是一個動態過程，完好率是靜態指標，如何取值也是不適合。而可用度指標，則綜合考慮到產線可靠性和維修性，亦即可用度，是符合企業設備現狀的關鍵指標。

可用度的持續提高，意謂著生產波動和異常減少，這對於生產系統能耗，人力待工成本得到有效控制，這是不言而喻的。同時，生產連續性，有利於生產計劃的流暢性，是降低成品、在製品和原材料庫存的前提條件之一。

對於設備維護而言，提高可用度的途徑，是基於強化維修反應、提高維修組織能力，以及強化基於點檢的缺陷發現與處理（預測性維修）、定期維修（預防性維修）實現的。這有利於降低維修硬體和人工成本，降低備件庫存（庫存降低依賴於維修計畫性）。（參考網址：https://kknews.cc/tech/jbqe32p.html）

4.5 系統有效度、成本有效度的掌握方法是維護的重點(1)

■ 生產設備的系統有效度

如第 1 章所說明的，系統有效度是總合可用度 A、可靠度 R、性能〔以能力 C（capacity）、機能達成度 P（performance）等表示〕，表示系統整體的要求能力之一種指標，以下式方式表示之。

$$SE = ARD \text{ 或 } SE = ARP$$

設若某生產設備自 t = 0 之時點開始動作時，在此時點維護得很周到，任何時刻均可使用之機率 A，在動作要求時間或負荷時間（U + D）之間無故障發揮作用之機率 R(t)，以上式之 C 與 P 來說，生產出的產品具有能滿足此間所要求品質之機率（良品率）如當作 1 – p（p 爲不良率）時，則 SE 即可以下式表示。

$$SE = A(t = 0) \cdot R(t) \cdot (1 - p)$$

此處不考慮，取而代之，考慮某期間之平均可用度 A 時，即成爲如下。

$$SE = A(1 - p)$$

甚至再簡單一點，如不考慮良品率時，當作下式亦可。

$$SE = A$$

■ 為引進成本有效度而計算壽命週期成本

成本有效度（CE）是以 CE = SE/LCC 來表示，爲採取對策使 CE 最大，必須計算 LCC（life cycle cost）。

LCC 大略可分爲：1. 取得該裝置的成本；2. 使用帶來之運用、維護、損害等之成本。

因此，要由成本有效度的立場來進行某裝置的設計，如欲使最適的 R 與 M 具體化，必須了解裝置的取得成本或運用、維護等之成本與 R、M 之關係。

■ 可靠性／維護性的指標與「強度率」、「次數率」之關係

1. 被慣用之強度率、次數率之問題點

表示 R／M 之效果所慣用之指標有故障次數率與故障強度率，這些在可靠性／維護性的領域中，是近乎未加使用的詞句。這些之指標與 MTBF，MTTR 等之 R／M 指標的關係，如未加充分理解就予以使用，會有問題發生。

2. MTTR、MTBF 與強度率、次數率之關係

在第 2 章之圖 2.5 中，將設備的要求時間或負荷時間分成如下來想。

①負荷時間 = U + D = 所有操作時間 T（tbf 之和）+ 停止時間。

②停止時間 = 所有故障修理時間（ttr 之和）+ 其他（更置、待料、修整）之時間。

在所有操作時間 T 之間所發生之一切故障數爲 r，其修理所需時間之總計爲所有修理時間。此處運轉率、故障強度率、故障次數率定義如下（此定義依企業而有些不同）。

設備運轉率 = 所有操作時間 T / 負荷時間　（式 4.1）
故障強度率 = 所有故障修復時間 / 負荷時間　（式 4.2）
故障次數率 = 所有故障數 r / 負荷時間　（式 4.3）

然後 MTBF 與 MTTR 即可如下表示。

MTBF = 所有操作時間 T / 總故障數 = 設備運轉率 / 故障次數率　（式 4.4）
故障率 λ = 1/MTBF　（式 4.5）
MTTR = 所有故障修復時間 / 總故障數　（式 4.6）
　　= 故障強度率 / 故障次數率
修復率 μ = 1/MTTR

例題 4.1

某設備每月負荷時間爲 200 小時，所有操作時間 T = 180 小時，其間故障發生 4 次，因之故障修復（停止）時間爲 12 小時。對於此設備，試求出上記式 4.1～式 4.6 之各值。

答

運轉率 = 180 小時 /200 小時 = 0.9 = 90 %
故障強度率 = 12 小時 /200 小時 = 0.06 = 6%
故障次數率 = 4/200 小時 = 0.02 / 小時 = 2% / 小時
MTBF = 180 小時 /4 = 45 小時
故障率 λ = 1/MTBF = 0.022 / 小時 = 2.2% / 小時
MTTR = 12 小時 /4 = 3 小時
修復率 μ = 1/MTTR = 0.333 / 小時 = 33.3% / 小時
（注意：次數率，故障率 λ，修復率 μ 具有「1 / 小時」之單位）

4.6 系統有效度、成本有效度的掌握方法是維護的重點(2)

表 4.3 成本模式例

成本	計算式
製作費	$C_1=C_{10}+C_{11}\sqrt{MTBF}$ $C_1=C_{10}+C_{11}\ln MTBF-C_{11}\ln MTTR$
運用費	$C_2=C_{20}+C_{21}AdL$ （A：可用度，d：使用時間比率，L：壽命）
維護費	$C_3=C_{30}+\frac{AdL}{MTBF}(C_{31}+C_{32}MTTR)+\frac{AdL}{TBPM}(C_{33}+C_{34}M_p)$ （TBPM：平均預防維護，M_p：預防維護時間） $C_3+C_{30}=C'_{31}(1-A)$ $C_3=\frac{C_{30}AL\times 8760}{MTBF}$ （C_{30} 為維護單價，8760 小時 = 1 年）
損失費	$C_4=C_{41}F$，$F=1-R$

註：式中之 C_{10}、C_{11}、C_{11} 等是由數據所決定的常數。

了解此關係，方可提及增加 R、M 之好處（雖然取得成本增加，但由於 R 與 M 的增大，維護費等反而減少），且可具體實現最適的設計。此關係說明於圖 4.1 中（此圖是將圖 1.1 一般化，把最小成本的想法加到圖 2.6 的關係中）。

亦即，與滿足所要求之可用度 A 之最小成本點相對應的 MTBF 與 MTTR 之值，即爲最適設計值。

成爲 LCC 查核基礎之成本模式，不用說是根據實際的數據予以數式化而成，譬如可以使用表 4.3 所表示之式子。

■ **成本有效度的計算例——A與CE其細部檢討甚為重要**

以成本有效度的實例來說，表 4.4 是說明電子裝置系統的情形。若雷達不計，年間維護成本比裝置費還大，此說明 R / M 的設計不周全。每年的總成本，是以耐用使用年數當作 10 年，裝置費也單純的當作 1/10 來求。

譬如，導航裝置與通信機的 MTBF 近乎相同，MDT 之差爲 A 之差。可是對 CE 有利的還是分母的成本，特別是維護勞務費。

由此例似乎可知，A 與 CE 是一種綜合性的指標，不可僅以此來判斷，各細部的分析也是需要的。

表 4.4　成本數據與成本有效度的實例

項目	雷達	通信機	導航裝置
零件數（N）	6,100	1,600	540
所有操作時間（T）	20,960	21,076	20,887
所有故障數（r）	382	54	62
MTBF（T/r）	55	390	337
不能操作時間（D）	925	561	231
交換零件數（n_p）	1,256	185	129
MDT（D/r）	2.4	10.4	3.7
A = MTBF/(MTBF + MDT)	0.958	0.974	0.989
維護人員（S）	4	2	2
維護工數／10^3 小時動作 [(1)]	180	52.8	22.4
裝置成本 [(2)]（C_e）	400	6	5
維護勞務費／年 [(3)]（C_{m1}）	230	70	29
維護資材費／年（C_{m2}）	10	0.7	0.7
維護成本／年（$C_m = C_{m1} + C_{m2}$）	240	71.2	29.7
（維護成本／年）／裝置成本（C_m/C_e）	0.6[(4)]	11.87	5.94
所有成本 C／年 [(5)]$C_e/(L = 10) + C_m$	280	71.8	30.2
成本有效度 CE = A（C／牌）	0.34[(4)]	1.36	3.27
（% 年／10^3 美元）			

(1) $SD/(T/10^3)$
(2) 成本單位 $\times 10^3$ 美元
(3) $C_{m1} = SD \times 148$ 美元／（T/8670），1 年 = 8670 小時
(4) 雷達的情形，天線與基礎工事費的成本甚大
(5) 使用年數 L = 10 來計算

4.7 選擇尺度時的注意事項

可靠性／維護性有種種的尺度。使用此尺度確認改善成果，有需要進行 R、M、A 的實證才行。可是，不管是何者均容易使用 A 或 MTBF 之類的相同尺度。此處，把選擇尺度時應注意的事項整理如下。

■ 使用「自己能理解的指標」為首要

經營上常使用 CE、SE、A、工數等指標，說得明白些，這些指標不過是粗略性的計算指標。

如果要擬定現場中某一具體的改善目標時，則應提出配合該目標的指標，監視其成長才行。

譬如，使用 $A=\overline{U}/(\overline{U}+\overline{D})$ 此種指標時，由於這是 $\overline{U}$ 與 $\overline{D}$ 的複合指標，其改善是根據 $\overline{U}$ 或 $\overline{D}$ 何者並不明確，而且 $\overline{U}$（MTBF），$\overline{D}$（MTTR）本身也不過是平均值而已。

在不能操作時間 D 之中，應改善的問題點是哪一個零件？而且其更機時間、缺貨、閒置時間的情形如何？產品品質與成本、環境、技能等之關係如何？均須調查才行。

並且，解析修理時間（故障停止時間）的內容，何者最耽誤修理，以及對策的結果於何處如何加以改善等的評價也是有需要的。此事對於強度率、工數等之指標也是一樣的。

總之，高階或幕僚儘管使用了某一種的指標，可是，現場中應企劃出能用自己的用詞、能讓自己理解、且爲切身之指標，可以說是最重要的。

■ 設備整體的總合指標可用部分指標的簡單加算來求

由部分的數據來求設備或系統的指標時，也不需要使用很艱難的式子。

簡單加算，譬如 i 部分（指由 i = 1 到 n 的元件）的不可用度、故障率、成本分別設爲 1 − Ai、λ_i（= 1/MTTFi）、Ci，則整個系統的可用度 A、故障率 λ（ = 1/MTTF）、成本 C，即分別可用以下的加算式來求。

$$1-A=\Sigma_i^n(1-Ai)$$
$$\lambda=1/MTBF=\Sigma_i^n\lambda i=\lambda_1+\lambda_2+\cdots+\lambda_n=\Sigma_i^n(1/MTBF_i)$$
$$C=\Sigma_i^nC_i=C_1+C_2+\cdots+C_n$$

（Σ_iC_i 是表示把第 i 個部分的值由 1 加到 n 之意）

此外，元件的平均成本與故障率設爲 C_o、λ_0 時，則由 n 個元件所構成之設備其成本有效性的尺度，即成爲 $MTBF/C = 1/\lambda C = 1/(\lambda_0C_0n^2)$，n 增多即形成愈爲複雜的設備，其成本有效性即有降低的傾向。

Note

4.8 狀態的監視（預知）維護技術(1)

第 2 章說明了故障發生的類型，第 3 章說明了飛機之狀態監視維護的實例，表 4.1 說明維護分類之一例，其中也對狀態監視維護受到重視的理由也加以說明。此處基於這些事項擬就狀態監視維護技術或預知維護技術加以整理。

■ 依據故障率的類型掌握預防維護與事後維護

與類似對象有關的故障現象以統計方法加以掌握，了解故障率的類型，在判斷預防維護是否有效方面是相當重要的。

亦即，故障集中性的發生是服從 IFR 類型的故障率時，利用預防維護降低故障率是有可能的，此見第 2 章所述。

相對的，故障率服從 DFR 類型或 CFR 類型，在此種情形裡，預測何時發生故障是不可能的，不進行定期交換較爲有利。特別是對象的故障不會造成甚大的損害時，故障之後再進行事後交換也就可以了。

■ CFR類型也有「預知」的可能性

雖然對象服從 DFR 型、CFR 型的故障率，然而其故障會涉及甚大損害或不安全時，此對象在故障之前不能擱置不理。假定故障率服從 CFR 型，亦即故障即使隨機發生，然而卻與「故障原因不明」的情形不同。

每一個別的對象由於可能有一些故障的原因，因之監視其故障徵兆的現象，掌握時間上的傾向，也就有預知的可能性。

然而爲了使預知可行，必須利用觀測而且在時間上以連續性漸次進行的方式來掌握異常或故障的發生方式。

對於人爲的破壞，或像隨機的外在擾亂那樣，突然發生之突發故障來說，預知是有困難的。

表 4.5　引擎的監視系統例

目的	意向	將開發視為需要的工作	
		軟體	硬體
數據取得的自動化	特性值的記錄與解析之際除去人為的失誤，除去引擎狀態診斷中計測的錯誤	信號抽樣技術過濾技術、回饋機構 *	感知器的連線、數據取得
系統故障檢出、解析	把基本的故障列成故障表有助於在所需地上的維護修正處置與飛機運航可用度的決定	故障表（由發生的對象來判別引擎的異常之表格）	引擎特性、感知器
引擎機能解析	同上（特別是對於系統）設定各引擎特性值的基準值之需要性	定常時熱力學上的計算與解析 特性值基準值（容許值）的更新	同上
技術改善（各種機能、飛行性能解析）	隨著使用者要求的擴大 ADAS 的改善，燃料管理、電力管理等利用機上處理有利的業務 **	更多邏輯上的分路徑	其他的感知器及電腦記憶器
機上處理	消除記錄與解析的時間上偏差 如引擎數據的數據處理的解除，減少 *** 故障發生的即時檢出	不需要操作員的人工智慧的邏輯	機上電腦、機上列表器

* 計測值與列表器列出之時效性。

** 具有 ADAS（airborne data and analysis system 的簡寫）系統故障檢出，引擎性能解析、飛行性能解析、其他的機能。

*** 引擎的性能超出基準的 3σ 範圍外時利用故障來診斷。良好狀態時，數據的記憶並不需要，僅異常時記錄警告飛行員。

4.9 狀態的監視（預知）維護技術(2)

■ 狀態監視的優點

狀態監視的好處，有以下幾點。

1. 個別的異常與故障的預知。
2. 假定雖然無法預知，然而也可了解異常與故障的結構（發生的經過），對探求原因的對策來說是有效的。
3. 爲了今後的預知有助於取得線索。

■ 為確立預知技術所需之技術

並非所有的故障均能簡單的預知，在實現此方法方面，首先要了解故障的發生與對象的狀態量的關係，並且，需要開發出計測、資訊傳達、處理及診斷此種一連串的技術。

成爲計測媒體的有電磁波、音波、振動、壓力、化學上的徵兆（成分分析）等，關於這些之感知器、傳達系統的實用可靠度的保證、簡易診斷裝置的開發等，有賴今後的研究是無法否定的。

試舉幾個例子。表 4.5 是有關引擎的監視系統的各種解析技術例，表 4.6 是變壓器中當發生了那種之氣體時會有何種之異常的判定基準。另外，表 4.7 是利用 SOAP（spectral oil analysis program，軸承等機械零件的磨耗或腐蝕，潤滑油中的金屬成分利用分析來檢出的方法）來表示引擎的磨耗界限，Fe若超過50 ppm則引擎就要更換。

表 4.6　依生成氣體判定變壓器的異常例

異常現象的種類	主要的生成氣體
絶緣油的過熱	C_2，CH_4，C_2H_4，C_3H_6
油浸紙的過熱	H_2，CH_4，C_2H_4，C_3H_6，CO_2，CO（$CO_2 > CO$）
絶緣油的電極分解	H_2，C_2H_2
油浸紙的電極分解	H_2，C_2H_2，CO，CO_2（$CO > CO_2$）

表 4.7　利用 SOAP 法表示引擎的磨耗界限

金屬	ppm	金屬	ppm
Fe	50	Pb	各種（因軸承塗覆物）
Al	10		
Si	15	Na	潤滑油必然存在。此增大的理由是由於漏水或凍結防止劑的洩漏。
Cu	15		
Cr	5		

■由故障診斷的立場來看故障

累積有某種程度故障解析的經驗，查明了故障發生的過程時，根據觀測數據（現象、症狀），備妥故障表（由觀測結果或現象，或測試結果的組合來發現故障部位、故障原因、病名等之表格），即可容易診斷。表 4.8 即爲其簡單例子。

另外，設備診斷不僅僅是技術開發，爲了有效的活用所開發的診斷裝置，診斷系統的設計也就顯得有需要了。

試舉一例來說，在日本的新日鐵中，除設備診斷裝置的開發小組外，也設置了簡易診斷、精密診斷、一般診斷之項目，並分別進行所需的訓練、教育。

表 4.8　故障表例（由測試結果尋找故障原因）

原因	測試的症狀				
	零點		指示		
	輸入時零輸出	輸入零時出現輸出	不安定	過高	過低
電源雜訊		○	○	○	
接地不完全		○	○	○	
增幅器調整不良		○	○		
增幅器故障（劣化）	○				○
⋮	⋮				

知識補充站

新日鐵簡介

日本跨國公司。日本最大的鋼鐵公司，也是世界大型鋼鐵公司，總公司在東京。新日本製鐵公司前身是於 1897 年建成的官營八幡製鐵所。它不僅可以說是新日鐵的發祥地，還可以說是日本鋼鐵工業的發祥地。1934 年 2 月由官營的八幡製鐵所和民間的輪西製鐵、釜石礦山、富士製鐵、東洋製鐵、三菱製鐵、九州製鐵 6 家合併組成。1950 年分成八幡製鐵、富士製鐵兩家鋼鐵公司和日鐵輪船公司及播磨耐火磚公司。1970 年 3 月，八幡、富士兩家公司合併，誕生了新日本鋼鐵公司，簡稱新日鐵，至此該公司成了世界上最大的鋼鐵公司。

知識補充站

建立設備維護保養制度及電腦資訊化

邁入二十一世紀 e 化的年代，企業將管理資訊化，不僅是很重要工作更是經營必備的條件，所以在內部建置資訊管理系統已是非常普遍的現象，而企業面臨競爭，為了達到生產成本降低，提升生產設備的運轉效率，設備維護作業管理是工廠營運不可或缺之課程。在以自動化生產為前提下，為求效率，許多工作與管理已由電腦來取代人工作業，維護作業管理亦然，且工廠的修護作業管理並不是單就設備之狀態資訊做追蹤與管理而已，還包括對維護人力資源平衡、維護相關作業、備品庫存及預防保養等工作，做一通盤之決策與管理。因此如何運用公司既有資訊管理系統（MIS）的硬體設備及電腦管理機能，在企業內部建置一個專屬設備部門之維護管理系統，電腦化設備維護管理系統（CMMS）如果能夠順利達成，將可協助維護部門強化設備維護管理工作，增強企業的競爭力。

在製造業中，生產設備之良窳及可靠度對於生產的結果有絕對的影響，而在大部分的工廠中，雖然組織內的活動包含生產、銷售、人力資源、研發、財務、資訊等，然而大部分的管理者認為，生產與銷售才是工廠主要活動及獲利的來源，而生產設備的保養與維護則是一項不得不支出的項目，對工廠的獲利並無直接的貢獻，甚至要到設備故障無法使用，才執行緊急維修（emergency maintenance, EM）的動作，設備之正常運轉是確保生產順利、提高品質效率、降低成本最主要因素之一，因此設備之維護即為生產工廠的重大課題。在日本除了大力推行所謂 TQC、QCC 活動外，亦進行 TPM（total production maintenance）之推廣，無外乎要確保生產順利，並朝「零故障」之最高目標邁進，一般而言生產工廠內，設備繁多、且長時間的運轉，要達「零故障」是一大挑戰，非有一套完整的制度及方法不可，此亦即日本為何極力推廣 TPM 之因素。由於設備維護保養是一個長期又繁複的工作，並且是一再重覆性，很容易造成人員的厭倦感及疏忽，因此若能予以電腦化作業將可大大節省人力，並能透過電腦大量的資料蒐集及做綜合分析，將可更有效更落實做好設備的維護保養工作，更易達到「零故障」的最高目標。

Note

第3篇
數據解析篇

如何利用實際的數據來估計可靠度、故障率、壽命的分配呢？其基本式為何？甚至使用理論分配解析數據時應如何進行才好？具體的說明謀求能理解是第 5 章及第 6 章的目的。

此外，對於維護技術人員務必要理解的基礎知識來說，當在裝置上施予預防維護與事後維護時，其零件的可靠度、MTTF、故障率與裝置本身的可靠度、MTBF、故障率的關係將會是如何？第 7 章即為此而說明。

第5章
可靠度的基本式與其求法

此處，首先以消耗品（非修復元件）來說，當得出其零件的壽命數據（ttf；可修復系裝置時則是 tbf 的數據）時，要如何求出它的可靠度、故障率、MTTF（MTBF）呢？以及這些理論式的形式是如何？就此等加以說明。

特別是由實際的數據來計算故障率 λ 的方法，壽命分配 f 的計算，以及不可靠度的基礎性估計，亦即，點估計與區間估計的方法，也加以具體的說明。

5.1 關於可靠性尺度的求法(1)

■ 可靠性尺度的種類

對於裝置或零件來說，自開始使用到第幾小時出現故障，關於此種時間 t（ttf，到故障爲止的時間；在裝置方面，tbf 故障間隔時間）的數據 t_r 當作已求出（圖 5.1 所示是關於某零件的樣本數 n = 10 的情形下所求出之 t。不管是 n = 10 的現場數據或是測量數據都沒關係）。

由此數據可求出如下之可靠性尺度。

1. 可靠度 R(t)。
2. 壽命分配（以直方圖顯示。理論上使用 f(t) 的記號，稱爲故障密度函數）。
3. 故障率 λ(t)。
4. MTTF、MTBF（平均壽命）。

此處的例子是根據圖 5.1 所表示的數據，求出以上各種尺度。

可靠度、壽命分配、故障率、平均壽命是常用的可靠性尺度！

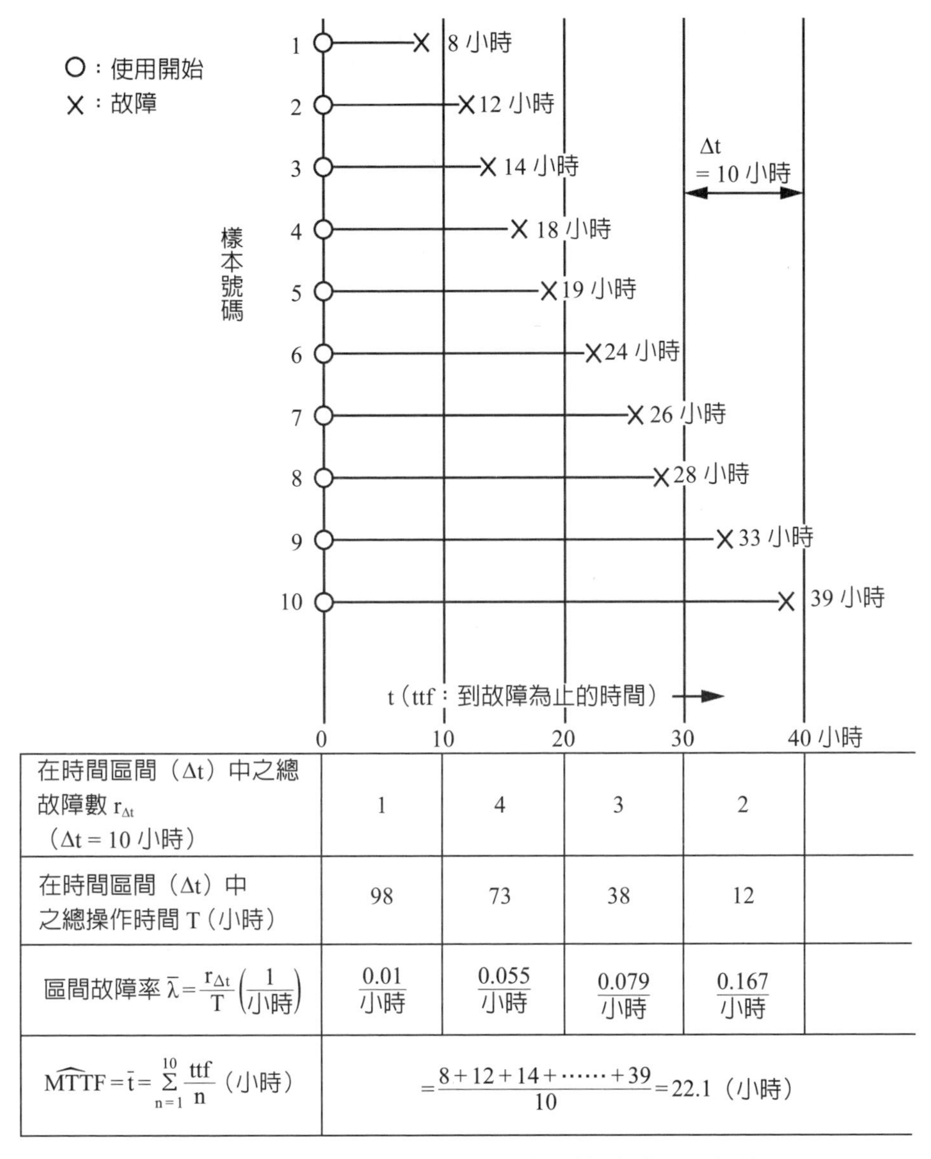

在時間區間（Δt）中之總故障數 $r_{\Delta t}$（Δt = 10 小時）	1	4	3	2	
在時間區間（Δt）中之總操作時間 T（小時）	98	73	38	12	
區間故障率 $\bar{\lambda}=\frac{r_{\Delta t}}{T}\left(\frac{1}{小時}\right)$	$\frac{0.01}{小時}$	$\frac{0.055}{小時}$	$\frac{0.079}{小時}$	$\frac{0.167}{小時}$	
$\widehat{MTTF}=\bar{t}=\sum_{n=1}^{10}\frac{ttf}{n}$（小時）	$=\frac{8+12+14+\cdots\cdots+39}{10}=22.1$（小時）				

圖 5.1　樣本數 n = 10 個元件的故障時間 t（ttf）

5.2 關於可靠性尺度的求法(2)

■ 可靠度的求法——平均等級法與中央值等級法

1. 平均等級法與中央值等級法的公式

可靠度如前所述，是在時間 t 中之殘存率（未故障的元件留存的比率），在直觀上可知到 t 爲止的殘存數爲 $n(t)=n-r$（n 爲所有樣本數，r 爲到 t 爲止的所有故障數），故 R(t) 可以如下求之。

$$\hat{R}(t)=\frac{n(t)}{n}=\frac{n-r}{n}$$

可是，此處擬利用以下兩種方法求看看。

①平均等級法

$$\hat{R}(t)=\frac{n-r+1}{n+1}，\hat{F}(t)=1-\hat{R}(t)=\frac{r}{n+1} \qquad \text{（式 5.1）}$$

②中央值等級法

$$\hat{R}(t)=\frac{n-r+0.7}{n+0.4}，\hat{F}(t)=1-\hat{R}(t)=\frac{r-0.3}{n+0.4} \qquad \text{（式 5.2）}$$

2. 爲何使用平均等級、中央值等級法

當觀測到 n 個之中的第 r 個順位故障時，由其值所估計的可靠度 R 與不可靠度 F，並非以單一值求得，而是以帶有範圍之分配所估計的。

此 R 的估計值相當於分配的平均值，是利用式 5.1 所估計的。另一方面，對應於剛好是分配的一半（50%，此後稱爲中央值，參照圖 6.6）的估計值，即爲式 5.2。

可是在 n 很大的時候，爲了避免麻煩，可以利用下式來計算。

$$\hat{R}(t)=\frac{n(t)}{n}=\frac{n-r}{n}，\hat{F}(t)=\frac{r}{n} \qquad \text{（式 5.3）}$$

3. 估計範圍中某點之値的方法稱爲「點估計」

使用以上所敘述之式 5.1、式 5.2、式 5.3 的任一式子，僅以一點求出最正確之 R 或 F 之值的方法，稱之爲點估計。

表 5.1 是把圖 5.1 的 10 個數據利用平均等級法與中央值等級法計算而得，將此值（平均等級法）描點之後，即爲圖 5.2A。

表 5.1　$\hat{R}$（點估計值）的求法（繪在圖 5.2）

樣本 No.	t（ttf 或 tbf）（小時）	利用平均等級法估計		利用中央值等級法估計
		$\hat{R}(t)=\frac{n-r+1}{n+1}$	$\hat{F}(t)=1-\hat{R}(t)=\frac{r}{n+1}$	$\hat{R}(t)=\frac{n-r+0.7}{n+0.4}$
1	8	0.909	0.091	0.933
2	12	0.818	0.182	0.837
3	14	0.727	0.273	0.741
4	18	0.636	0.364	0.645
5	19	0.545	0.455	0.548
6	24	0.455	0.545	0.452
7	26	0.364	0.636	0.356
8	28	0.273	0.727	0.260
9	33	0.182	0.818	0.163
10	39	0.092	0.909	0.067

■ 壽命的分配（故障時間的分配）以直方圖來估計

故障時間的分配 f(t) 是先求出圖 5.1 之 $\Delta t = 10$ 小時此區間之故障發生比率 $\bar{f}(t, t+\Delta t)$，再利用圖表化後的直方圖加以估計。亦即，區間 t 與 t + Δt 的故障數是 $r_{\Delta t}$，因之 $\bar{f}(t, t+\Delta t)$ 可以利用下式求出。

$$\bar{f}(t, t+\Delta t)=\frac{r_{\Delta t}}{n\times\Delta t}\left[\frac{1}{\text{小時}}\right] \quad \text{（式 5.4）}$$

譬如，$\bar{f}(10, 20)$ 由式 5.4 得出 $\bar{f}=\frac{4}{10\times 10}\left[\frac{1}{\text{小時}}\right]=0.04/$ 小時。

單位是「1/ 小時」，將直方圖表示於圖 5.2 C。此 $\bar{f}$ 的最高處，亦即在單位時間中最會故障之處（此時是在第 10～第 20 小時之間）稱爲衆數（mode）。

■ 區間故障率——以該區間的故障發生數除以總操作時間

在時間 t 到 Δt 爲止的區間內，區間故障率 $\bar{\lambda}(t, t+\Delta t)$ 可以下式求之。

$$\bar{\lambda}(t, t+\Delta t)=\frac{r_{\Delta t}}{T} \quad \text{（式 5.5）}$$

T 是指在該區間（由 t 到 t + Δt 爲止的時間）中元件的總操作時間，稱之爲 unit hour 或 component hour。

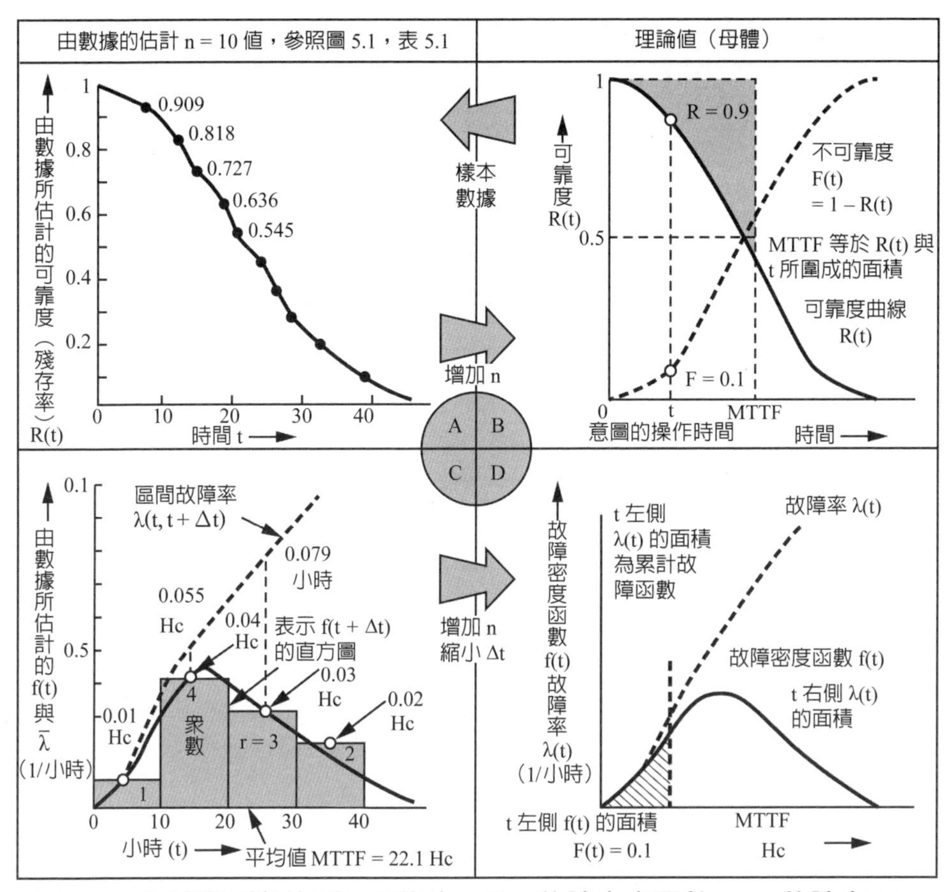

圖 5.2　根據觀測數據測量可靠度 R(t)、故障密度函數 f(t)、故障率 λ(t)

譬如，在圖 5.1 的數據中，$\bar{\lambda}(10, 20)$ 是在 t = 10 小時與 t = 20 小時的區間中，除故障或生存的 No.1 以外，求出 9 個元件的總操作時間 T（故障的元件是自 t = 10 小時到故障爲止的時間予以加總）。

$$T = 2 + 4 + 8 + 9 + 5 \times 10 = 73 \text{ 小時}$$

另一方面，在此區間故障的是 No.2～No.5 的 4 個元件。

$$\lambda_{\Delta t} = 4$$

因此，$\bar{\lambda}$ 由式 5.5 得出如下之值。

$$\bar{\lambda} = \frac{\lambda_{\Delta t}}{T} = \frac{4}{73 \text{ 小時}} = \frac{0.55}{\text{小時}}$$

較同區間的 $\bar{f}$ = 0.04／小時爲大。對於各區間所計算而得者，即如圖 5.1 及表 5.2 最右欄，描點成圖形即成圖 5.2C 的點線。

■ **MTTF的求法——求出ttf的平均值即可**

MTTF 是 ttf 的平均值，其估計值如圖 6.1 的最下段所表示，將 ttf 的總計以樣本數 n 來除之求出其平均值即可。本例的情形，$\widehat{MTTF}$ = 22.1 小時。

圖 5.2 B、D 是呈現理論値（參照後述）的圖形。

■ **MTTF（mean time to failure）：產品故障前平均時間**

指一個系統工作直到發生失效的期望時間，這表示此系統僅能失效一次且不可修復，對於不可修復的系統而言，MTTF 爲系統可靠度中極爲重要的指標，指產品或零件經使用直到故障不能再使用爲止，其平均的壽命。例如：風扇的產品特性即屬於此類。

■ **MTBF（mean time between failures）：產品平均故障間隔時間**

對一個可修復的系統而言，從第一次失效時間與隨後發生失效時間的平均值，通常用來評估系統的可靠性和可維修性，實際應用上常將 MTBF 定義爲在系統故障前之平均時間，實際上就是表示系統的 MTTF，指產品經過一段時間使用，平均每次故障的間隔時間有多長。例如：筆記型電腦（Notebook）即屬於此類。

5.3 關於可靠性尺度的求法(3)

■ 求各尺度的注意事項

以上介紹了求各種尺度的測量值之公式與其圖形，然而計算時必須注意以下幾點。

計算各尺度時需要注意的幾項重點。

1. 僅知道殘存數與區間故障數時，求區間平均故障率的方法

圖 5.1 是 n = 10 的元件所有的故障時間均已知的情形，如果，只能觀測出每個 Δt = 10 小時的區間數據「殘存數 n(t) 與區間故障數 $r_{\Delta t}$」時，那麼，要如何求出故障率才好呢？

此時的計算方法說明於表 5.2。在此計算法 $\bar{\lambda}$ 本身的估計值帶有不確定性。

亦即 $\bar{\lambda}$ 是在最低值 $r_{\Delta t}/n(t)\cdot\Delta t$ 與最高值 $r_{\Delta t}/n(t+\Delta t)\cdot\Delta t$ 之間。

以表 5.2 的例子來說，t = 10，t + Δt = 20 小時的情形如下。

表 5.2　區間故障率的求法（圖 5.1 的數據是每 Δt = 10 小時觀測的情形）n = 10，Δt = 10 小時

時間	殘存數	區間故障數	區間故障率 $\bar{\lambda}$（1／小時）			
			最高值	最差值	平均	記錄 t (ttf) 圖（5.1）
t	n(t)	$r_{\Delta t}(t+\Delta t)$	$\frac{r_{\Delta t}}{n(t)\cdot\Delta t}$	$\frac{r_{\Delta t}}{n(t+\Delta t)\cdot\Delta t}$	$\frac{r_{\Delta t}}{(n(t)-r_{\Delta t}/2)\Delta t}$	
0	10	…… 1	1/100h = 0.01/h	1/90h = 0.11/h	1/95h = 0.0105/h	0.01/h
10	9	…… 4	4/90h = 0.044/h	4/50h = 0.02/h	4/70h = 0.057/h	0.55/h
20	5	…… 3	3/50h = 0.06/h	3/20h = 0.15/h	3/35h = 0.086/h	0.079/h
30	2	…… 2	2/20h = 0.1/h	2/0h = ∞	2/10h = 0.2/h	0.167/h
40	0					

註：求正確的故障率 Δt 儘可能選短時間。

$$n(t)=n(10)=9$$
$$n(t+\Delta t)=n(t)-r\Delta t=n(20)=5=9-4$$
$$r_{\Delta t}(10,20)=4$$

由於式 5.5 的 T 是在 $n(t)\cdot\Delta t=90$ 小時與 $n(t+\Delta t)\cdot\Delta t=50$ 小時之間，所以 $\bar{\lambda}$ 即位於以下之間：

$$\frac{r_{\Delta t}}{n(t)\times\Delta t}=\frac{4}{9\times 10\text{（小時）}}\leq\bar{\lambda}\leq\frac{4}{5\times 10\text{（小時）}}=\frac{r_{\Delta t}}{n(t+\Delta t)\Delta t}$$

平均值即為下值：

$$\bar{\lambda}=\frac{r_{\Delta t}}{\{n(t)-r_{\Delta t}/2\}\Delta t}=\frac{r_{\Delta t}}{[\{n(t)+n(t+\Delta t)\}/2]\Delta t}\qquad\text{（式 5.5）}$$
$$=\frac{4}{\{(9+5)2\}10\text{（小時）}}=\frac{0.057}{\text{小時}}$$

2. 估計 MTTF 時，取 ttf 之平均

若不如此，於途中譬如圖 5.1 之 t = 20 小時中止觀測再予以平均，或僅將已故障者取平均時，估計值會偏於壽命較短的一邊。

3. 故障為 CFR 型（λ 一定）時，$\hat{\lambda}=r/T$ 亦可

在故障隨機發生 λ 為一定的 CFR 型中估計 λ 時，像式 5.5 一樣，不需要求 Δt 的區間平均 $r_{\Delta t}/T$。

不管由哪一時間來看，λ 由於一定，因之不管時間的情形如何，可由觀測樣本的總操作時間 T 與總故障數 r 來求即可。

$$\hat{\lambda}=\text{（一定）}=\frac{r}{T}=\frac{1}{\widehat{MTBF}}\text{或}\frac{1}{\widehat{MTTF}}\qquad\text{（式 5.6）}$$

4. 故障率 λ 與故障密度 f 的單位為「1/ 小時」，不良率的單位為無次元

在使用「率」的用語中，有製程等之不良率（記號 p）。

此可以說相當於不可靠度 F，當 n 中找出 r 個不良數時，即可利用 $\hat{p}=\frac{r}{n}$ 來求。

這由於未包含 Δt，故為無次元，另一方面，故障率 $\lambda=\frac{r_{\Delta t}}{n(t)}=\frac{r}{T}$ 以及 $f=\frac{r_{\Delta t}}{n\Delta t}$ 是帶有「1/ 小時」的單位，此點務必注意。

5. 在維護度的估計方面，是使用 n 件修復時間 τ(ttr) 的數據

估計維護度而非可靠度時，是使用維護件數 n 件的修復時間 τ(ttr) 的觀測數據。

$M(\tau)$ 為 τ 的增加增函數，由圖 2.1 似乎可知，由於與不可靠度 F(t) 的形狀相對應，使用式 5.1 可求得如下。

$$\hat{M}(\tau)=\frac{r}{n+1}$$

此時的 r 並不單是故障數，而是至時間 τ 為止，故障修理 n 件中之修理完成件數（詳細情形，參照下章的對數常態分配）。

知識補充站

產品不同特性的代表性分配

可靠性的分配（reliability allocation）是指把系統的可靠性指標逐級分配到各個元件的過程。

可靠性的機率分配（probability distribution）簡單而言，是一個「衡量特定事件發生機率」的函數。可靠性中常用的有常態分配（normal distribution）、對數常態分配（log normal distribution）、指數分配（exponential distribution）、韋伯分配（Weibull distribution）四種。這些機率分配均有固定的模型，只要透過試驗的故障數據找出這機率分配的參數值，就可以估計不同故障時間點的可靠度值，或特徵壽命值。詳情參第 6 章說明。

Note

5.4 可靠度的「區間估計值」的求法

利用壽命數據求可靠度的方法，已在式 5.1、式 5.2 予以敘述。圖 5.1 中 n 個之 ttf 已全部加以觀測，但此處擬對全部未被測量的情形進行考察。

亦即，基於某時間中的資訊（譬如，最初 n = 10 個，t = 100 小時之後有 2 個故障之數據），求出 t = 100 小時的可靠度之估計值 $\hat{R}$。

■ 何謂區間估計

在圖 5.1 中，以可靠度的估計值來說，是只求出一個值，亦即點估計值，而樣本數少時，R(t) 的估計當然帶有不確定性。

因此，指定機率 $1-\alpha$ 作爲估計的信賴度，設定上限值 R_U，下限值 R_L 作爲區間，以估計眞正的 R 值。此 $1-\alpha$ 稱爲信賴水準（confidence level），α 稱爲冒險率。

像這樣，欲估計的眞值（理論值），使其存在該區間的機率爲 $1-\alpha$ 之下，求出 R_U、R_L 一事稱爲區間估計（interval estimation）。

區間估計可分爲估計上述區間之上限值 R_U、下限值 R_L 的雙邊估計，以及僅估計下限值 R_L（亦即上限值 $R_U = 1$）之單邊估計。兩者之不同地方及與點估計的比較，整理於表 5.3 中。

表 5.3 點估計與區間估計

種類		說明	例
點估計		由所求得的數據（譬如 n 個中 r 個故障）推定出認為最有可能發生僅僅一點的真值（譬如可靠度 R）	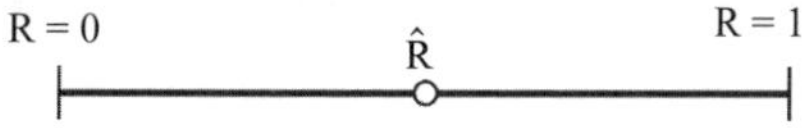 R = 0 ── $\hat{R}$ ── R = 1 $R = (n-r+1)/(n+1)$（平均等級法） $n = 10$，$r = 2$，$R = 9/11 = 0.818$
區間估計	雙邊估計	機率 $1-\alpha$（譬如 90%）之下，估計其值存在上限值 R_U 與下限值 R_L 之間。真值在 $R_U - R_L$ 的範圍外的機率（冒險率）為 α（譬如 10%）	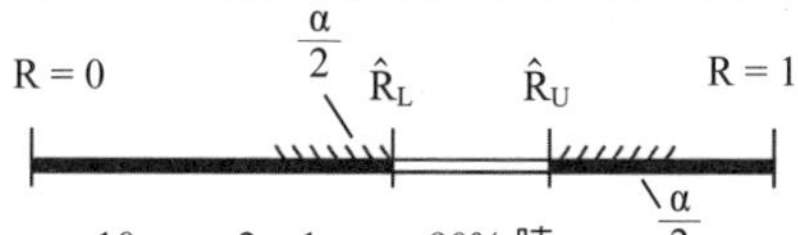 R = 0 ── $\frac{\alpha}{2}$ $\hat{R}_L$ ── $\hat{R}_U$ $\frac{\alpha}{2}$ ── R = 1 $n = 10$，$r = 2$，$1-\alpha = 90\%$ 時 由表 5.4 知 $R_U = 0.963$，$R_L = 0.493$
	雙邊估計	$1-\alpha$ 的機率下，估計真值較 R_L 大（上限為 R = 1） 估計偏差的機率（冒險率）為 α	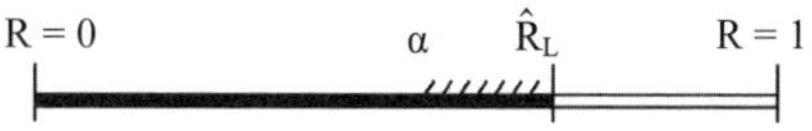 R = 0 ── α $\hat{R}_L$ ── R = 1 $n = 10$，$r = 2$，$1-\alpha = 90\%$ 時 由表 5.5 知 $R_L = 0.55$

另外，表 5.4 及表 5.5 是爲了分別求出信賴水準 $1-\alpha = 90\%$ 時的界限值所使用之表格。

表 5.4　可靠度的雙邊估計

(A) 上限值 R_U 估計值（樣本 n 個中 r 年故障，信賴水準 90%）

n \ r	0	1	2	3	4	5	6	7	8	9	10
1	1.000	0.950									
2	1.000	.975	0.776								
3	1.000	.983	.865	0.632							
4	1.000	.987	.902	.751	0.527						
5	1.000	.990	.924	.811	.657	0.451					
6	1.000	991	.937	.847	.729	.582	0.393				
7	1.000	.993	.947	.871	.775	.659	.521	0.348			
8	1.000	.994	.954	.889	.807	.711	.600	.471	0.312		
9	1.000	.994	.959	.902	.831	.749	.655	.550	.429	0.283	
10	1.000	.995	.963	.913	.850	.778	.696	.607	.507	.394	0.259

（r 係「一定時間方式」及「一定個數方式」均相同）

(B) 下限值 R_L 估計值（樣本 n 個中 r 年故障，信賴水準 90%）

n \ r	0 1	1 2	2 3	3 4	4 5	5 6	6 7	7 8	8 9	9 10	10 11
1	0.050										
2	.224	0.025									
3	.368	.135	0.017								
4	.473	.249	.098	0.013							
5	.549	.343	.189	.076	0.010						
6	.607	.418	.271	.153	.063	0.009					
7	.652	.479	.341	.225	.129	.053	0.007				
8	.688	.529	.400	.289	.193	.111	.046	0.006			
9	.717	.571	.450	.345	.251	.169.	.098	.041	0.006		
10	.741	.606	.493	.393	.304	.222	.150	.087	.037	0.005	

（r 的上段為「一定時間方式」，下段為「一定個數方式」）

表 5.5 可靠度的單邊估計（下限值 R_L）（樣本 n 個中 r 個故障，信賴水準 90%）

n \ r	0 1	1 2	2 3	3 4	4 5	5 6	6 7	7 8	8 9	9 10	10 11
1	0.100										
2	.316	0.051									
3	.464	.196	0.036								
4	.562	.320	.143	0.026							
5	.631	.416	.247	.112	0.021						
6	.681	.490	.333	.201	.093	0.017					
7	.720	.547	.404	.279	.170	.079	0.015				
8	.750	.594	.462	.345	.240	.147	.069	0.013			
9	.774	.632	.510	.401	.301	.210	.129	.061	0.012		
10	.794	.663	.550	.448	.354	.267	.188	.116	.055	0.010	
11	.811	.690	.585	.489	.401	.318	.241	.169	.105	.049	0.010
12	.825	.713	.614	.525	.441	.362	.288	.219	.154	.096	.045
13	.838	.732	.640	.556	.477	.402	.331	.264	.201	.142	.088
14	.848	.749	.663	.583	.508	.437	.369	.305	.243	.185	.131
15	.858	.764	.683	.607	.546	.468	.404	.342	.282	.226	.172
16	.866	.778	.700	.629	.561	.496	.435	.375	.318	.263	.210
17	.873	.790	.716	.648	.584	.522	.463	.406	.350	.297	.246
18	.880	.801	.731	.666	.604	.545	.488	.433	.380	.329	.279
19	.886	.810	.743	.681	.622	.566	.511	.459	.408	.358	.310
20	.891	.819	.755	.696	.639	.585	.533	.482	.433	.385	.338
21	.896	.827	.766	.709	.655	.603	.552	.503	.456	.410	.364
22	.901	.834	.776	.721	.669	.619	.570	.523	.477	.432	.389
23	.905	.841	.785	.732	.682	.634	.587	.541	.497	.454	.411
24	.909	.847	.793	.742	.694	.648	.602	.558	.516	.474	.433
25	.912	.853	.801	.752	.705	.660	.617	.574	.533	.492	.452
30	.926	.876	.832	.791	.751	.713	.675	.639	.603	.568	.534
40	.944	.906	.872	.841	.810	.780	.752	.723	.696	.668	.641
50	.955	.924	.897	.871	.846	.822	.799	.776	.753	.731	.709

（r 的上段為「一定時間方式」，下段為「一定個數方式」）

■ 可靠度的中途中止估計法，有「一定時間方式」與「一定個數方式」

表 5.4 及表 5.5 中，所謂一定時間方式是設若 t = 100 小時，則在 100 小時之一定時點中估計 R 的方法；所謂一定個數方式則是在 n 個中剛好第 r 個發生故障之時點中估計 R 的方法。

例題 5.1

n = 10，於 t = 100 小時觀測，有 r = 2 個故障。在 t = 100 小時的時點（一定時間方式）進行 R 的區間估計，設若信賴水準爲 90%。

答

在表 5.4(A) 與 (B) 中，查出一定時間方式的 n = 10，r = 2 的交點，即可求出雙邊估計值 $\hat{R}_U = 0.963$ 及 $\hat{R}_L = 0.493$。

又，單邊估計值是依據表 5.5 對應於一定時間方式，得出 $\hat{R}_L = 0.55$。亦即，若只保證最小的可靠度時，可以說在 90% 的信賴水準下，$\hat{R}_L = 0.55$ 以上。

知識補充站

故障率、MTBF 等，均能從數據來估計。

只要蒐集有產品的數據，就可以估計產品的可靠度、故障率等，故平常能養成蒐集數據的習慣，自然就能使用數據來說話，事實是可以用數據來佐證的。

5.5 可靠度的基本式

■ 有關理論上之可靠度的基本式

第 1 節所求得的式子或圖形，是對 n 個（譬如 10 個）的估計值。

如果使 n 增大，本來的値應可更精確的估計。此處將理論上之可靠度 R(t) 的公式整理如下。

・可靠度與不可靠度的關係：

$$R(t) + F(t) = 1 \qquad \text{（式 5.7）}$$

・可靠度函數：

$$R(t) = \int_t^\infty f(t)dt \qquad \text{（式 5.8）}$$

$$R(t) = \exp[-\int_0^t \lambda(t)dt] = e^{-H(t)} \qquad \text{（式 5.9）}$$

・不可靠度函數：

$$F(t) \int_0^t f(t)dt = 1 - R(t) \qquad \text{（式 5.10）}$$

・故障密度函數：

$$f(t) = \frac{-dR(t)}{dt} = \frac{dF(t)}{dt} \qquad \text{（式 5.11）}$$

・瞬間故障率：

$$\lambda(t) = \frac{f(t)}{R(t)} = \frac{-dR(t)/dt}{R(t)} \qquad \text{（式 5.12）}$$

・平均故障間隔：

$$MTTF(MTBF) = \int_0^\infty tf(t)dt = \int_0^\infty R(t)dt \qquad \text{（式 5.13）}$$

以上的式子以圖形來說明時，即如圖 5.2 B、D。

■ 各種基本式的性質

此處一面對照圖 5.2，一面看看上面的基本式之性質。

1. 累積故障函數 H(t)

在式 5.9 中，exp（exponential 的簡稱）A 是意指 e^A 之意。式 5.9 稱之爲累積故障函數。故障率 λ(t) 又稱爲 hazard rate，將此在時間上予以累積之後即爲 H(t)，因之才如此稱呼。

$$H(t)=\int_0^t \lambda(t)dt \qquad \text{（式 5.9'）}$$

此 H(t) 如圖 5.2D 所示，是等於 λ(t) 到 t 小時止與 t 軸所圍成的面積（積分即是求面積）。

2. 可靠度函數

基於上述同樣的理由，式 5.8 的可靠度 R(t)，如圖 5.2D 所示，是 f(t) 自 t 時間的右側起與 t 軸所圍成的面積。

3. MTTF 是等於 R(t) 與 t 軸所圍成的面積

表示 MTTF 的式 5.13，是等於圖 5.2B 的 R(t) 與 t 軸所圍成的面積，是一種對 R(t) 的微妙變化毫無關係的總體性尺度。

以另一觀點來看，MTTF 乃是找出剛好與 R(t) 所圍成的面積相等其高度爲 1 的長方形，然後求出其橫軸即可（圖 5.2B 中以粗點線所表示之長方形）。

4. 瞬間故障率 λ(t) 的性質

式 5.2 的 λ(t) 乃是表示在 R(t) 的時時刻刻變化下故障的容易性。以人來說，在年齡 t 爲止仍生存著的 R(t) 之中，在下次的短時期（譬如 1 小時）內有多少去世此種意謂著 f(t) 之比率 f/R。

λ(t) 在 R(t) 爲 1 時之值即爲 f(t)，在 R(t) 近乎 1 的高可靠度的領域裡，雖然 $\lambda(t) \approx f(t)$，但隨著時間的變化有 $\lambda(t) > f(t)$ 之傾向。λ(t)、f(t) 的單位均爲「1/ 小時」。

以實際的數據來說，在式 5.4 的 f 中，將 n 的地方換成至 t 小時爲止的殘存數 n(t) 或 $n(t+\Delta t)$ 時，即成爲式 5.5 的 $\bar{\lambda}$。

但是由實際的數據所求得的 $\bar{f}$、$\bar{\lambda}$，乃是 Δt 的區間平均值，理論値之式 5.11、式 5.12，是分別相當於使 $n \to \infty$，$\Delta t \to 0$ 之後的極限。

5. R(t)、f(t)、λ(t) 的關係

在第 2 章中曾敘述 λ(t) 分別有 DFR、CFR、IFR 之類型。此處將三種類型的 R(t)、f(t)、λ(t) 整理於圖 5.3 中。

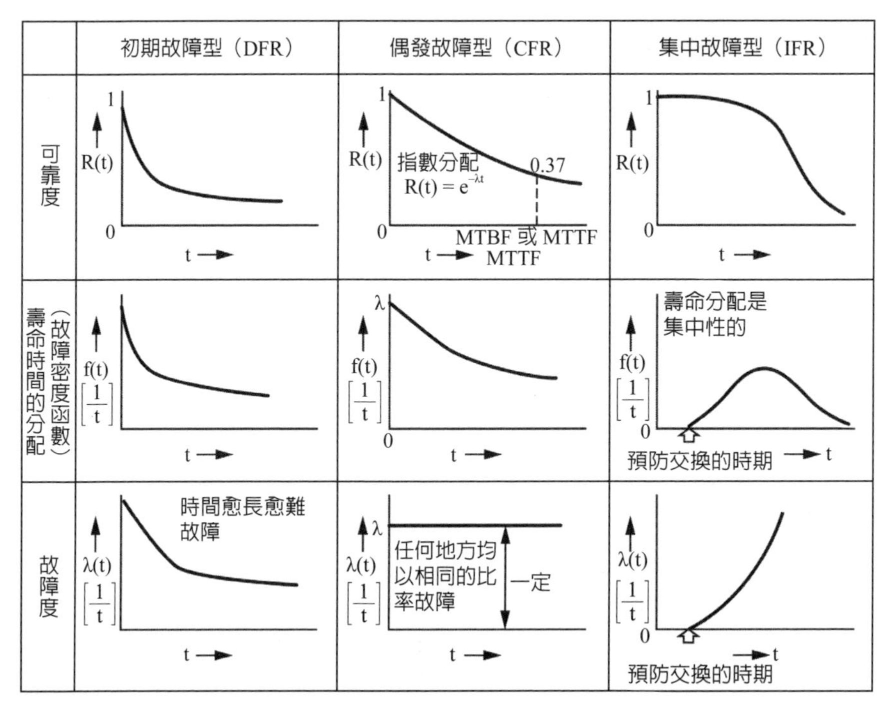

圖 5.3　三種故障類型與對應的可靠度與壽命分配

例題 5.2

在 λ 一定時，可靠度 R(t) 及 MTTF 變成如何？

答

如 λ 爲一定時，式 5.9 的累積故障函數 $H(t)=\int_0^{\infty}\lambda dt=\lambda t$，依式 5.9 及式 5.13，R(t) 及 MTTF 可如下表示（參照圖 5.4）。

$$R(t)=e^{-H(t)}=e^{-\lambda(t)}$$

$$\begin{aligned}MTTF&=\int_0^{\infty}R(t)dt\\&=\int_0^{\infty}e^{-\lambda(t)}dt\\&=\frac{1}{\lambda}\end{aligned}$$

例題 5.3

可靠度 R(t) 若設定爲 $1-\alpha t$（$\alpha>0$）時，試畫出故障函數 f(t)、故障率 $\lambda(t)$ 的圖形，並求出 MTTF。

另外，故障率是依從 DFR、CFR、IFR 的哪一種類型？

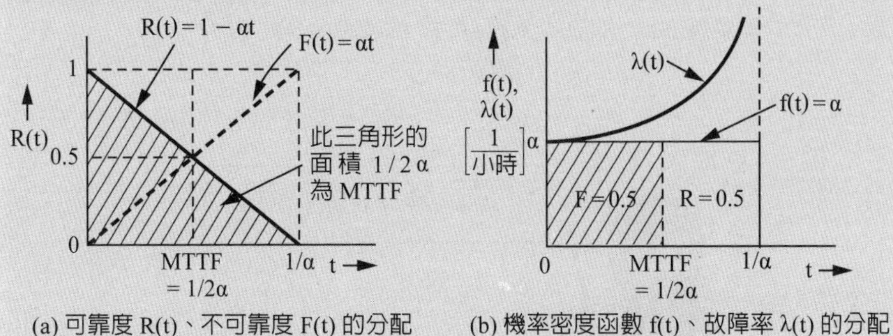

(a) 可靠度 R(t)、不可靠度 F(t) 的分配　　(b) 機率密度函數 f(t)、故障率 λ(t) 的分配

圖 5.4　R(t) = 1 – αt、f(t)、λt 的圖形

答

$R(t)=1-\alpha t$（$0\le t\le 1/a$），如圖 5.4(a) 所示成爲一直線。又依式 5.11：

$$f(t)=\frac{-dR(t)}{dt}=\frac{-d(1-\alpha t)}{dt}=\alpha \text{（1/ 小時）}$$

機率密度函數 f(t)，成爲如圖 (b) 之直線。

由式 5.12：

$$\lambda(t)=\frac{f(t)}{R(t)}=\frac{\alpha}{1-\alpha t} \text{（1/ 小時）}$$

因此，故障率 $\lambda(t)$ 成爲如圖 (b) 之曲線。

在求 MTTF 方面，式 5.13 未照樣使用，積分的上限並非∞，由圖 5.4 顯然可知是 t = 1/α，故可得以下之值：

$$\mathrm{MTTF}=\int_0^{1/\alpha}R(t)dt=\int_0^{1/\alpha}(1-\alpha t)dt=\left[t-\frac{\alpha t^2}{2}\right]_0^{1/\alpha}=\frac{1}{\alpha}-\frac{1}{2\alpha}=\frac{1}{2\alpha}$$

由於 MTTF 是「R(t) 與 t 軸所圍成之面積」，以高度 1、底邊 1/2α 之三角形的面積來說，可以立即求得 1/2α。又在本例的 MTTF 的時點中，R = 0.5。

要加強數學的演算喔！

第6章
可靠性／維護性數據的解析方法

到前章為止，在衡量裝置或零件的可靠性／維護性上，已就基礎數據的故障時間（ttf、tbf）、維護時間（ttr）等加以說明。

可是，最重要的是這些數據具有何種傾向。不限於機械或設備，工業上所得到的數據，如可套入人們在理論上所想出的分配類型來考察時，自然是相當的方便（實際上，是根據實際分配想出理論分配）。

為了研擬所需的對策，將此實驗數據套入此理論分配中，即可明瞭其數據的傾向，亦即，將此解析方法稱之為「統計的解析方法」，說明這些簡單實務方法，即為本章的目的。

6.1 裝置、零件的故障解析方法

■ 故障數據利用的步驟

系統、裝置、零件等發生故障時，是根據表 6.1 I 所表示的基本資訊，進行解析與研擬對策，然而說明其內容者即如表 6.1 II 、III所示。

表 6.1　可靠性、維護性數據解析的進行方法

	內容
故障數據的分類 I	1. 每一裝置、元件、零件所得到的數據 (1) 故障時間 t（ttf、tbf）(2) 維護時間、不能操作時間 (3) 故障型態 (4) 失誤型態 (5) 環境 (6) 應力 (7) 技能水準 (8) 工數 (9) 成本 (10) 所採取的處置與其結果 2. 數據格式（數據記入的寫法、處理方法） 3. 以時間履歷所掌握的數據
數據及故障的解析方法 II	1. 層別（重要度別、形態別） 2. 統計的解析 (1) 柏列特分析 (2) 直方圖 (3) 分配與估計 (4)MTBF (5)MTTF (6)MTTR (7) 平均 (8) 變異數 (0) 散布圖、相關 (10) 故障率 (11) 環境係數 (12) 應力與強度的分配等 3. 故障解析、影響解析等 (1) 直列模式 (2)FTA (3)FMEA (4)ETA (5) 再現實驗 (6) 模擬
評價與對策、效果的確認 III	1. 重要度的評價、評價指標 (1)MTBF (2)MTTR (3) 可用度 (4) 成本有效度 (5)FMEA 的等級 2. 對策的決定 (1) 設計改善 (2) 工程改善 (3) 環境改善 (4) 維護方式的改善 (5) 測試方式（除錯、篩選、環境測試）的改善 (6) 教育 (7) 訓練 3. 效果的確認 (1) 觀察評價指標（尺度）(2) 成長曲線 (3) 資料庫

■ 統計解析的具體手法

在進行故障解析時，如第 2 章所敘述的，除進行表 6.1 II (3) 所說明之故障解析、故障物理的探究之外，仍然是需要再加上進行表 6.1 II之 (1)、(2) 所說明之統計上及數量上的解析，而其具體的方法有以下幾種。

1. 決定故障的重要度（參照第 2 章、第 3 章）

①畫出裝置中發生的零件故障的柏拉圖。

②畫出故障型態別的柏拉圖。

③對於零件故障與裝置、系統的故障關聯，使用可靠度模式（直列模式）或 FMEA、FTA，決定故障的重要度。

2. 了解可靠度、故障率（參照第 5 章）

①畫出直方圖以了解故障發生時間 t（ttf）的分配 f(t)。

②計算可靠度 R(t)。

③了解故障率 λ(t) 的類別。

3. 進行故障時間的評價（參照本章）

①分析零件故障帶來之裝置停機時間 τ（ttr、M、D），畫出各種時間的柏拉圖。

②畫出直方圖以了解各時間的分配 M(τ)。

③求出各種時間的維護度 M(τ)。

④從維護所見到的故障與停止時間進行評價。

4. 調查關聯數據

調查與故障或維護有關的應力、人爲疏失、環境要素的分類、柏拉圖、應力之大小分配。

知識補充站

舉凡建構、維持、提升產品的可靠度，皆為可靠度管理範圍，包含流程、系統、制度、辦法、組織資源、管理檢討、專案推動等，但必須具有正確可靠度觀念、使用適當方法、技術不斷精進下，方能完成管理目標，但最終需能提升「產品力」，進而有助於經營層面的「開源」和「節流」，才是可靠度管理的核心價值。

企業推展產品可靠度的挑戰，現階段台灣系統產品企業，常見可靠度推行問題，也是解決此問題的挑戰有：

1. 產品可靠度知識未能普及於研發設計單位，因此難以設計進去。
2. 研發設計者只滿足於符合規格範圍，可靠度成長受限。
3. 產品設計者不了解零件及材料特性及可能變化，形成可靠度設計盲點。
4. 購買的零件及材料，普遍欠缺可靠度描述，成品可靠度難以掌握。
5. 忽略產品可靠度本質為提升可靠度水準，錯把工具當目的。
6. 錯估產品可靠度資源配置，阻礙推展，成效不能彰顯。
7. 推行失焦浪費資源，因常用以偏蓋全方法，未能相互為用。

6.2 用於估計可靠度／維護度的幾種理論與分配

■ 使用理論分配，R具有能以理論表示的好處

在前節的計算中，並未對可靠度假定某種特定的理論分配，可是，有時將實際的數據套入理論與分配時，R(t)（或 M(τ)）具有能以理論式表示的好處。

理論分配通常是由具有特徵的 1～3 個定數（此稱為分配的母數或參數）所構成。

而且，只要能求出此母數（parameter），所有的分配完全能以數字來表現，在評價 R／M 設計等之改善活動以及維護的效果上相當方便。在這方面，只要基於 t(ttf，tbf)、τ(ttr) 的數據去估計呈現可靠度（或維護度）的理論分配中具有特徵的母數，然後著眼於時間上的變化即可。

■ 理論分配的種類

以下介紹幾種最為人所熟知的分配。圖 6.1 所表示的分配，對橫軸的時間來說是連續的，這些均屬於連續分配。

1. 常態分配（normal distribution）：表示 IFR 類型（零件等之集中性故障）。
2. 指數分配（exponential distribution）：表示 CFR 類型（隨機故障）。具有維護之裝置（修復系）其可靠度屬於此分配。
3. 波瓦生分配（poission distribution）：表示隨機故障之元件其故障數之分配（離散分配），應用此分配的是備件（spare）的缺貨率。
4. 韋伯分配（Weibull distribution）：對應於各種故障率的類型。
5. 對數常數分配（log-normal distribution）：在維護時間的解析度上經常使用。

對於以上五種的分配，擬於以後幾節中說明之。

由實際的數據來推估這些分配的未知母數，雖有各種的方法，但本書是以最實際的圖形法（使用機率紙的方法）以及累積故障法為中心來說明。

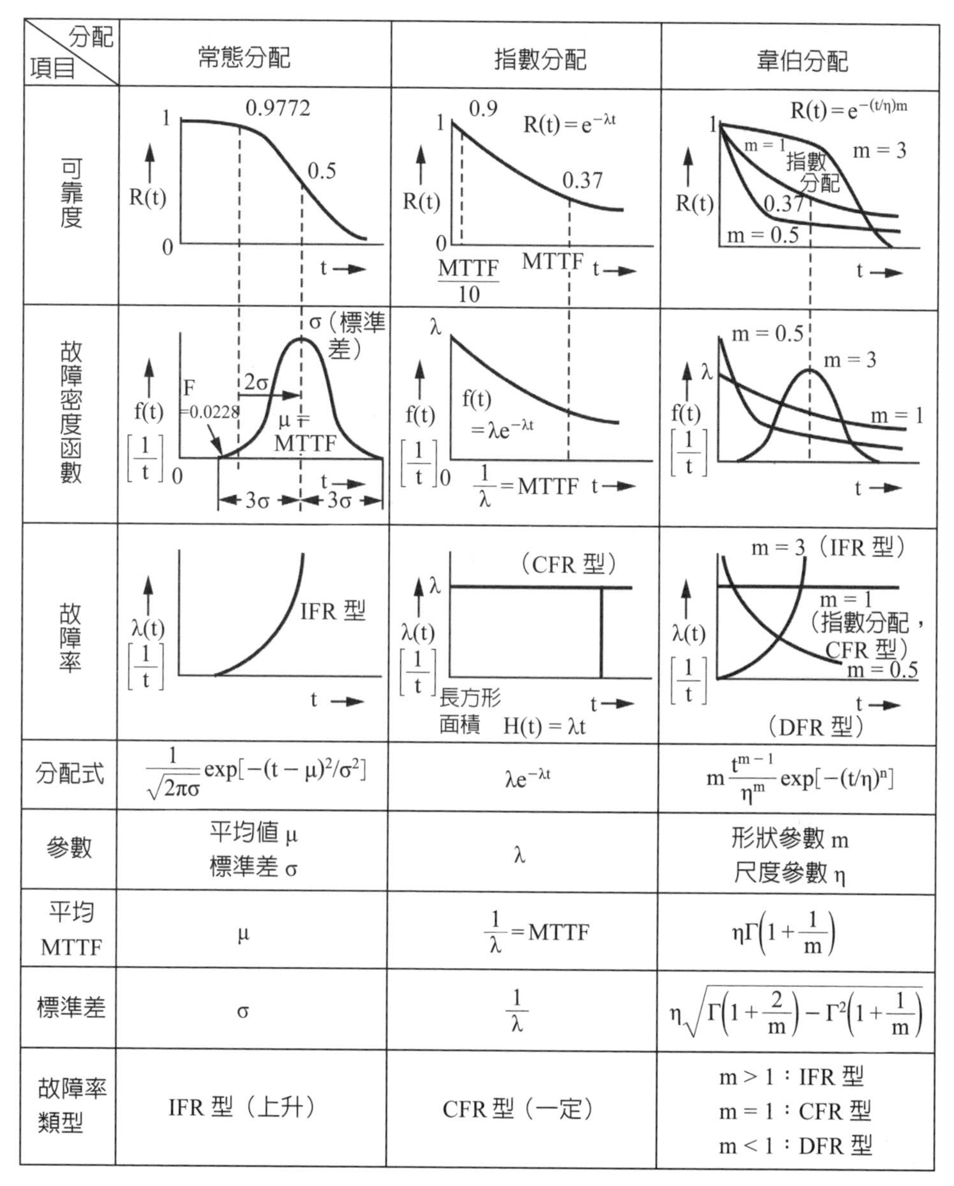

項目	常態分配	指數分配	韋伯分配
分配式	$\frac{1}{\sqrt{2\pi\sigma}}\exp[-(t-\mu)^2/\sigma^2]$	$\lambda e^{-\lambda t}$	$m\frac{t^{m-1}}{\eta^m}\exp[-(t/\eta)^n]$
參數	平均值 μ 標準差 σ	λ	形狀參數 m 尺度參數 η
平均 MTTF	μ	$\frac{1}{\lambda}=\text{MTTF}$	$\eta\Gamma\left(1+\frac{1}{m}\right)$
標準差	σ	$\frac{1}{\lambda}$	$\eta\sqrt{\Gamma\left(1+\frac{2}{m}\right)-\Gamma^2\left(1+\frac{1}{m}\right)}$
故障率類型	IFR 型（上升）	CFR 型（一定）	m > 1：IFR 型 m = 1：CFR 型 m < 1：DFR 型

圖 6.1　幾種代表性理論分配的型狀與式子（故障密度函數 f(x) 表示分配的型狀）

6.3 集中故障的代表「常態分配」(1)

■ 常態分配的特徵——分配的99.7%在±3σ之中

常態分配（normal distribution）也有稱之爲高斯（Gauss）分配，此分配的母數有二個，一爲平均 μ，另一爲標準差 σ。

因之，必須由 t（ttf）的數據來估計 $\hat{\mu}$ 與 $\hat{\sigma}$。表示分配形狀的故障密度函數 f(t)，形成左右對稱的吊鐘形。

常態分配的最大特徵爲，如圖 6.1 所示，整個分配是以平均 μ 爲中心、在 $\pm 3\sigma$ 的範圍內集中（約 99.7%）性的發生。

譬如，平均壽命 μ = MTTF = 100 小時，標準差 σ = 100 小時的零件，在 $\mu \pm 3\sigma$ = 1000 之間所有的壽命都耗盡光了。

1. 標準差 σ 的求法

n 個測量値時，樣本的平均値 $\bar{t}$（μ的估計値 $\hat{\mu}$），標準差的估計値 $\hat{\sigma}$ 可以下式表示。

樣本的平均值：$\bar{t}=\dfrac{t_1+t_2+t_3+\cdots+t_n}{n}$

樣本的標準差：$\hat{\sigma}=\sqrt{\dfrac{(t_1-\bar{t})^2+(t_2-\bar{t})^2+\cdots+(t_n-\bar{t})^2}{n-1}}=\sqrt{\dfrac{\Sigma_{i-1}^{n}(t_1-\bar{t})^2}{n-1}}$

又標準差的平方，亦即 $\Sigma_{i-1}^{n}(t_1-\bar{t})^2/(n-1)$ 稱爲變異數，以 V 表示之。

亦即 $\sigma=\sqrt{V}$ 或 $\sigma^2=V$。

2. 樣本平均值 $\bar{t}$ 與母體平均值 μ 之關係

作爲對象的所有零件之集合稱爲母體，其平均設爲 μ，n 個樣本的平均値 $\bar{t}$ 與 μ 不一定一致。但是一般將 $\bar{t}$ 當作 μ 的估計値 $\hat{\mu}$。亦即 $\bar{t}=\hat{\mu}$。標準差 σ 的估計値 $\hat{\sigma}$ 也是同樣。

■ 常態分配在壽命集中耗盡的產品上可以見到

量產產品的的尺寸、重量等特性値的分配經常應用常態分配，在品質管理上是最熟悉的分配。

在可靠性中，由於較單純的機械作用（譬如磨耗等）之影響，而使具有固有壽命的產品集中性的發生耗盡，此常態分配在此種產品上常可見到。

■ 常態分配的「標準化」

把平均 μ、標準差 σ 的常態分配，使用英文的第一個字母 N 來表示，可以寫成 $N(\mu,\sigma^2)$。若將此分配改成平均値爲 0、標準差爲 1，亦即成爲 N(0,1) 之一定形式，即謂之標準化（standardization），如圖 6.2 所示，將下式的 t 換成 u 即可。

$$u=\frac{t-\mu}{\sigma} \qquad \text{（式 6.1）}$$

像這樣，把標準化之後的常態分配，稱爲標準常態分配，分配曲線下的面積即爲1。因此，當 u 爲 u_i 之值時，u_i 之上方面積 P（圖 6.2 的斜線部），即可表示成 $u \geq u_i$ 的機率。

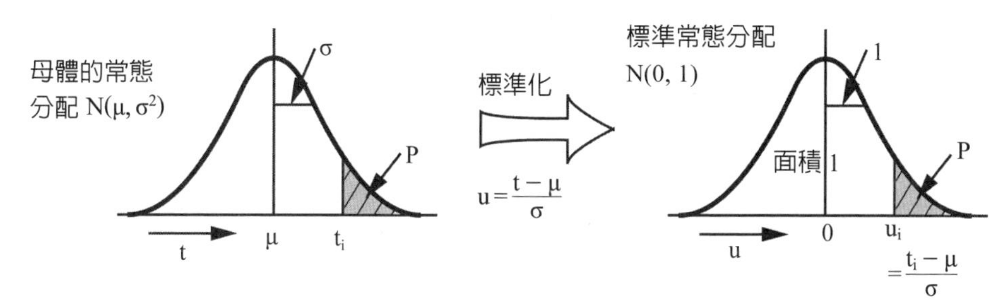

圖 6.2　常態分配的標準化

表 6.2　常態分配表（參照圖 6.2）

u	P	u	P	u	P
0.0	0.500				
0.1	0.4602	1.1	0.1357	2.1	0.0179
0.2	0.4207	1.2	0.1151	2.2	0.0139
0.3	0.3821	1.3	0.0968	2.3	0.0107
0.4	0.3446	1.4	0.0808	2.4	0.0082
0.5	0.3085	1.5	0.0668	2.5	0.0062
0.6	0.2743	1.6	0.0548	2.6	0.0047
0.7	0.2420	1.7	0.0446	2.7	0.0035
0.8	0.2119	1.8	0.0359	2.8	0.0026
0.9	0.1841	1.9	0.0287	2.9	0.0019
1.0	0.1587	2.0	0.0228	3.0	0.0013

6.4 集中故障的代表「常態分配」(2)

■ 機率P的一覽表「常態分配表」

說明對應各 u 值之 P 值，即爲表 6.2 的常態分配表。u = 0 時（亦即圖 6.2 曲線右半部的面積），機率 P = 0.5。

由於常態分配爲左右對稱，因之表 6.2 所表示之「u 右側的機率」與「–u 左側的機率」相等。亦即 u = –1 左側的機率等於表 6.2 之 u = 1 時 P = 0.1587。因此，「u = –1 右側的機率」即爲 1–0.1587 = 0.8413。

又常態分配的標準差由於是 1，由表 6.2 之値知，在 ±3σ（即 –3σ 到 + 3σ 的範圍）及 ±2σ、±σ 的範圍內之機率分別表示如下。

1. ±3σ 之範圍：1–(0.0013×2) = 0.9974 = 99.74%
2. ±2σ 之範圍：1–(0.0228×2) = 0.9544 = 95.44%
3. ±σ 之範圍：1–(0.1578×2) = 0.6826 = 68.26%

■ 利用常態分配估計可靠度——不可靠度F是由機率P求得

對於常態分配的性質想必已經了解，以下探討如何利用常態分配來估計可靠度。

如本節開頭所敘述的那樣，因磨耗等的結構而集中性的發生故障的情形，適用於常態分配。

因此，此時的故障密度函數設爲 f(t)，此即爲表示常態分配的曲線。因此。在式 5.10 中不可靠度函數 F(t) 表示爲：

$$F(t) = \int_0^t f(t)dt$$

F(t) 如圖 6.3 所示，在常態分配中是表示「在 t 左側的面積（機率）」。

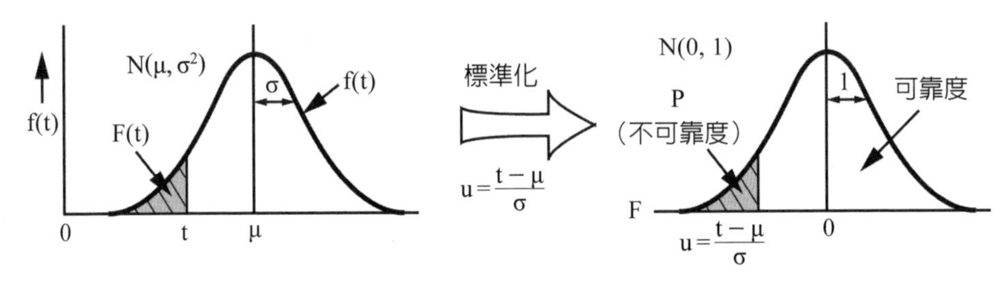

圖 6.3 不可靠度 F(t) 是以 0 到 t 的面積來表現

利用式 6.1 將 t 標準化時，則 0 與 t 即對應於 –μ/σ 與 (t–μ)/σ。由於平均值 μ 較 σ 爲大，故 –μ/σ 爲負值。因此，圖 6.3 的 F 即爲「u（負值）左側的面積」，此乃等於「u（正值）右側的面積」亦即等於圖 6.2 的 P。

另外，表 6.2 在求不可靠度（累積故障率）時也可利用，由 1 減去不可靠度，即可求出可靠度。

例題 6.1

$\mu = 1000$ 小時，$\sigma = 100$ 小時，在 $t = 800$ 小時的可靠度變成了多少？

答

利用式 6.1 將 $t = 800$ 予以標準化

$$u = \frac{t - \mu}{\sigma} = \frac{800 - 1000}{100} = -2$$

由表 6.2 知 $u = 2$ 時的 P 爲 $P = 0.0228$

此即爲 $t = 800$ 小時的不可靠度 $F(t)$。

因此，可靠度 $R(t)$ 爲

$R(t) = 1 - F(t) = 1 - 0.0228 = 0.9772$

■最簡單的壽命估計方式——用「常態機率紙」來估計

如表 6.3 的左欄所示，有由 2 小時到 240 小時之 $n = 15$ 個零件的壽命數據。

此零件（母體）的平均壽命 μ 的估計值 $\hat{\mu}$，與標準差 σ 的估計值 $\hat{\sigma}$，可如下計算求之。

$$\hat{\mu} = \bar{t} = \frac{\sum_{i=1}^{15} t_i}{m} = 22.6 \text{（小時）}$$

$$\hat{\sigma} = \sqrt{\frac{\sum_{i=1}^{15} (t_i - \bar{t})^2}{n-1}} = \sqrt{\frac{\sum_{i=1}^{15} t_i^2 - n\bar{t}^2}{n-1}} = \sqrt{V} = 11.28$$

可是，不如此計算也行，只要利用常態機率紙，即可簡單得求出壽命的平均值及標準差的估計值 $\hat{\mu}$，$\hat{\sigma}$。

6.5 集中故障的代表「常態分配」(3)

1. 何謂常態機率紙

如圖 6.4 所示，橫軸是時間 t 的等間隔刻度，又縱軸是 F(t)（%）的對數刻度。

如果，描繪在此用紙上的點的數據是服從常態分配時，這些點就可以落在直線上。此直線與縱軸的 F(t) = 50% 相交所對應出來的 t，即爲 $\hat{\mu}$（MTTF 的估計值）。

另外，直線與 F(t) = 50% 及 – 1σ（15.87%）或 + 1σ（84.13%）相交所對應之時間差距即爲 $\hat{\sigma}$。

表 6.3　壽命數據（n = 15 個）

壽命時間（t）	累積故障個數 r	利用平均等級法表示不可靠度 $\hat{F}(t) = r/(n+1)$	以 % 表示 F(t)
2	1	$\hat{F}_1 = 1/(15+1) = 0.0625$	6.25%
11	2	$\hat{F}_2 = 2/(15+1) = 0.1250$	12.5%
11	3	$\hat{F}_3 = 3/(15+1) = 0.1875$	18.75%
13	4	$\hat{F}_4 = 4/(15+1) = 0.2500$	25.0%
17	5	$\hat{F}_5 = 5/(15+1) = 0.3125$	31.25%
18	6	$\hat{F}_6 = 6(15+1) = 0.3750$	37.5%
20	7	$\hat{F}_7 = 7/(15+1) = 0.4375$	43.75%
24	8	$\hat{F}_8 = 8/(15+1) = 0.5000$	50.0%
27	9	$\hat{F}_9 = 9/(15+1) = 0.5625$	56.25%
29	10	$\hat{F}_{10} = 10/(15+1) = 0.6250$	62.50%
29	11	$\hat{F}_{11} = 11/(15+1) = 0.6875$	68.75%
29	12	$\hat{F}_{12} = 12/(15+1) = 0.7500$	75.00%
30	13	$\hat{F}_{13} = 13/(15+1) = 0.8125$	81.25%
39	14	$\hat{F}_{14} = 14/(15+1) = 0.8750$	87.50%
40	15	$\hat{F}_{15} = 15/(15+1) = 0.9375$	93.75%

2. 常態機率紙的使用方法

不妨使用表 6.3 的數據，利用常態機率紙進行壽命的估計看看。

首先，利用平均等級法求出對應於壽命時間 t = 2 小時的不可靠度 F_1。如表 6.3 所示，得出 $F_1 = 0.0625 = 6.25\%$。因此在圖 6.4 的橫軸 t、縱軸 F 描出 (2, 6.25) 的點出來。

以下同樣計算 F_2、F_3、…、F_{15}，並於紙上描點，即如圖列出很多的 × 記號。其次，用肉眼畫出通過這些點之直線（正確來說，要進行迴歸分析求出迴歸直線，但實際上由點的聚集傾向畫出直線的方法就夠了）。

此直線與 F(t) = 50% 相交得出 t 值近乎 24，所以 $\hat{\mu}$ = 24 小時。又與 F(t) = –σ = 15.87% 相交得出 t 值近乎 13，所以 $\hat{\sigma}$ = 24 – 13 = 11 小時。

此 $\hat{\mu}$ 與 $\hat{\sigma}$ 值，與先前所計算得出的值 $\hat{\mu}$ = 22.6 小時與 $\hat{\sigma}$ = 11.28 小時之差異不大。

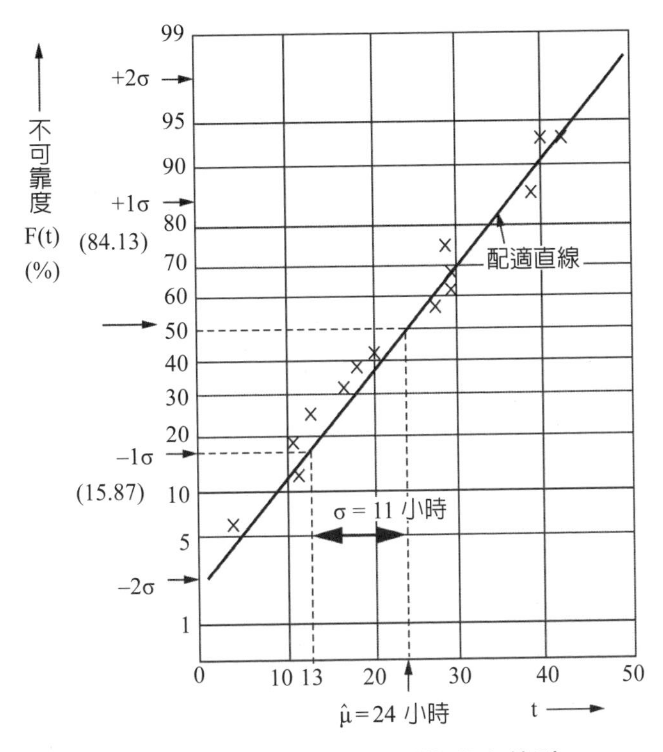

圖 6.4　利用常態機率紙的壽命估計

例題 6.2

根據表 6.3 的數據，求出 t = 13 時間的可靠度？

答

利用式 6.1 將 t = 13 予以標準化

$$u = \frac{t - \mu}{\sigma} = \frac{13 - 24}{11} = -1$$

表 6.2 中 u = 1 時，P = 0.1587。此爲 t = 13 時的不可靠度。因此可靠度 R(t) 爲

$$R(t) = 1 - F(t) = 1 - 0.1587 = 0.8413 = 84.13\%$$

6.6 表示隨機故障的指數分配(1)

■ 隨機故障的零件或裝置，其「可靠度的表現」是經常使用指數分配

表示指數分配的式子（故障密度函數）與分配的形狀如圖 6.1 所示，此分配在隨機原因下經常用於表現故障的零件（t：ttf），或修復系的元件、裝置、系統（t：tbf）的可靠度。

此時，故障率 λ 爲一定（CFR 型），如例題 5.2 所說明，可靠度 R(t) 如下式表示。

$$R(t) = e^{-\lambda t} \qquad \text{（式 6.2）}$$

又 λt 之值非常小時（0.1 以下），亦即 R(t) 甚大近於 1 時，此式 6.2 近似如下。

$$e^{-\lambda t} \doteqdot 1 - \lambda t \qquad \text{（式 6.3）}$$

另外，如例題 5.3 所述，MTTF 或 MTBF 的估計值可以下式表示。

$$\widehat{MTBF} \text{ 或 } \widehat{MTTF} = \frac{1}{\lambda} \qquad \text{（式 6.4）}$$

此式爲點估計值〔因之，調查式 5.5 的 λ 是否一定，可先求出平均值區間故障率，觀察時間上的變化（當然 Δt 選取很小）。可是，如進行第 11 節所說明之韋伯分配的形狀母數 m 是否等於 1 之判定，理應會更爲簡便。另外，使用第 13 節的累積故障也可估計〕。

■ 蒐集數據的注意事項

由具有不同壽命分配 t（ttf）的零件所構成的裝置，它的 t（tbf）由第 7 章所述近乎指數分配。

又對於裝置或元件的 t，並非是將其更新的時點當作 t = 0 亦即起算點來計測，如由中途的任意時點計測並解析時，即可隨機化且近乎指數分配。

蒐集數據時，對不同性質數據的混入或對時間的起算點，均須充分加以注意。

Note

6.7 表示隨機故障的指數分配(2)

例題 6.3

若某元件的可靠度知其服從指數分配時，回答以下問題。

1. 在操作時間 10^3 小時，必須保證 $R(t) = 0.99$ 時，元件的 λ 與 MTBF 要多少才好？
2. 在 $t = \text{MTBF}$ 的時點，$R(t)$ 為多少？
3. $R(t) = 0.9$，t 為 MTBF 的多少分之一？（參照表 6.4 指數函數表）

答

1. 在高可靠度時（此處為 0.99），可使用式 6.3。所以 $R(t) = 1 - \lambda t = 0.99$

   $\therefore \lambda t = 0.01$

   把操作時間 $t = 10^3$ 小時代入此式，$\lambda \times 10^3$ 小時 $= 0.01$

   $\therefore \lambda = 10^{-5}$（/小時）

   依據式 6.4，$\text{MTBF} = 1/\lambda = 10^5$（小時）
2. 依據式 6.2，$R(t) = e^{-\lambda t} = e^{-\lambda \cdot \text{MTBF}} = e^{-10-5 \cdot 10^5} = e^{-1} = 0.368$
3. $R(t) = e^{-\lambda t} = 0.9$

   $\therefore \lambda t \fallingdotseq 0.105$（依據表 6.4）

   $\therefore t = 0.105/\lambda = 0.105 \cdot \text{MTBF}$

   亦即 t 約為 MTBF 的 1/10 時，$R = 0.9$。

高可靠度時，也可使用式 6.3 來計算。
亦即：
$R(t) \fallingdotseq 1 - \lambda t$

表 6.4　指數函數表

x	e^{-x}	x	e^{-x}	x	e^{-x}	x	e^{-x}
0.00	1.0000						
.01	.99005	.11	.89583	.21	.81058	.35	.70169
.02	.98020	.12	.88692	..22	.80252	.40	.67032
.03	.97045	.13	.87810	.23	.79453	.45	.63763
.04	.96079	.14	.86526	.24	.78663	.50	.60553
.05	.95123	.15	.86071	.25	.77880	.55	.57695
.06	.94176	.16	.85214	.26	.77106	.60	.54881
.07	.93239	.17	.84366	.27	.76338	.70	.49659
.08	.92312	.18	.83527	.28	.75578	.80	.44933
.09	.91393	.19	.82696	.29	.74826	.90	.40657
.10	.90484	.20	.81873	.30	.74082	1.00	.36788

■由數據所估計的 λ 其例數是否等於MTTF

對於某零件基於有限的觀測時間（譬如 10^4 小時）之數據，求出了故障率的估計值 $\hat{\lambda} = r/T$（r：故障個數，T：零件的總操作時間），假定得出 $1/10^7$ 小時。

此即爲使樣本數 $n = 10^3$ 個零件全部動作 10^4 小時之時（$T = 10^3 \times 10^4 = 10^7$），其中一個發生故障之故障率。

此時，此零件的 MTTF 可否如下下結論呢？

$$\text{MTTF} = 1/\lambda = 10^7 \text{ 小時}$$

一般嚴格來說是「不可以」的，可是，此零件如眞正是服從指數分配時也就可以。

因爲，在驗證此零件眞正是隨機故障且 MTTF ＝ 10^7 小時方面，畢竟還是需要 $t = 10^7$ 小時程度的時間〔可是，人充其量不過活到 10^6 小時（114 年）〕。

10^4 小時（1 年 2 個月）之間的平均故障率爲 $1/10^7$ 小時，即使此事正確，可是將平均之 λ 倒數，任意的當作 MTTF、MTBF 是不正確的。1/λ 到底是估計值 $\widehat{\text{MTTF}}$、$\widehat{\text{MTBF}}$。

然而，對象不是零件而是可修復的裝置時，指數分配是可以假定的。又由於 MTBF 很短，以實際的數據實證 MTBF 並不困難。

6.8 指數分配的MTTF、MTBF的區間估計(1)

對於一般的可靠度之區間估計在第 5 章第 2 節已有過說明，此處擬對可靠度服從指數分配時，MTTF 或 MTBF 的區間估計，利用表 6.5 說明其應用方法。

■ 可靠水準90%的區間估計

依據式 6.4，MTBF 的點估計值可如下表示。

$$\widehat{MTBF}=\frac{1}{\lambda}=\frac{T}{r}$$（T：零件的總操作時間，r：總故障個數）

此點估計值乘上表 6.5 的數值，即可得出上限值 $MTBF_U$ 與下限值 $MTBF_L$ 的區間估計值。

例題 6.4

對於隨機故障的 5 台元件，若觀測其至故障爲止的時間，可得出如下的數據（單位：小時）。

t_1 = 200，t_2 = 80，t_3 = 500，t_4 與 t_5 = 至 1000 小時無故障，基於此數據回答以下問題。

1. 求出點估計值 $\widehat{MTBF}$。
2. 求出信賴水準 90% 之 $MTBF_L$、$MTBF_U$。

答

1. 零件的總操作時間 T 爲：
   $T = 200+300+500+1000\times2 = 3000$（小時），
   總故障個數 r 爲：
   $r = 3$（個）
   $\therefore MTBF = T/r = 3000/3 = 1000$（小時）
2. 本例題是一定時間方式，由表 6.5 當 r = 3 時得出 0.39，3.66。所以：
   $MTBF_L = 0.39\times\widehat{MTBF} = 0.39\times1000 = 390$（小時）
   $MTBF_U = 3.66\times\widehat{MTBF} = 3.66\times1000 = 3660$（小時）

■ 故障數為零時之$MTBF_L$的估計

至某時間爲止雖進行測試或觀測，然而，也有可靠度甚高難以故障的情形。

像這樣，對於 t 亦即 tbf（或 ttf）服從指數分配的 n 台元件，即使觀測了 t 小時（亦即 T = nt），然若 r = 0，因爲 $\widehat{MTBF}$（或 $\widehat{MTTF}$）$= 1/\bar{\lambda} = T/r$，所以 $r\to0$，MTBF（或 MTTF）→∞的結論可否成立呢？

表 6.5　信賴水準 90% 的區間估計乘上 MTBF 的係數

故障個數 r	一定時間方式		一定個數方式	
	$MTBF_L$	$MTBF_U$	$MTBF_L$	$MTBF_U$
1	0.21	19.42	0.33	與一定時間方式相同
2	0.32	5.63	0.42	
3	0.39	3.66	0.48	
4	0.44	2.93	0.52	
5	0.48	1.54	0.55	
10	0.59	1.84	0.63	
20	0.69	1.51	0.72	
20	0.74	1.39	0.76	
50	0.79	1.28	0.85	

註：(1) L 表下限（lower limit），U 表上限（upper limit）。
　　(2) 此表的數值理論上是由 χ^2 表求得。

在此種情形中，估計下限值 $MTBF_L$ 是可行的。
亦即，對各信賴水準來說，可使用以下理論式（λ_U 爲故障率的上限值）。

對於信賴水準 90% 來說　$\widehat{MTBF}_L = \frac{1}{\bar{\lambda}_U} = \frac{T}{2.3}$　（式 6.5）

對於信賴水準 60% 來說　$\widehat{MTBF}_L = \frac{1}{\bar{\lambda}_U} = \frac{T}{0.917}$　（式 6.6）

由上知，MTBF 至少在 $MTBF_L$ 之值以上一事，以 90% 或 60% 的機率是可以保證的。

6.9 指數分配的MTTF、MTBF的區間估計(2)

例題 6.5

對某零件 n = 25 個測試 10^3 小時，若 r = 0。爲了在信賴水準 90% 下保證可靠度 90%，此樣本數是否足夠，請就以下兩種情形檢討。

1. 不特別假定 R(t) 的分配時；
2. 可靠度服從 $R(t) = e^{-\lambda t}$ 之指數分配時。

答

1. 此時使用表 5.5。由 r = 0，n = 25 的欄知：
   $\hat{R}(t) = 0.912$，因此樣本數是足夠的。
2. 信賴水準爲 90%，故依據式 6.5：

$$\hat{\lambda}_U = \frac{2.3}{T} = \frac{2.3}{2.5 \times 10^3}$$

$$\hat{R}(t) = e^{-\lambda t} = e^{\frac{-2.3}{2.5 \times 10^3} \times 10^3} = e^{-0.092} = 0.912$$

與 1. 的結果相同。由表 5.5 知樣本數 n = 22 就足夠了。

小博士解說

在機率論和統計學中，指數分配（exponential distribution）是一種連續分配。指數分配可以用來表示獨立隨機事件發生的時間間隔，比如：旅客進入機場的時間間隔、打進客服中心電話的時間間隔、中文維基百科新條目出現的時間間隔等。

一個指數分配的機率密度函數是：

$$f(x;\lambda) = \begin{cases} \lambda e^{-\lambda x}, & x \geq 0 \\ 0, & x < 0 \end{cases}$$

其中 $\lambda>0$ 是分布的一個參數，常被稱為率參數（rate parameter）。即每單位時間發生該事件的次數。指數分配的區間是 [0, ∞)。如果一個隨機變量 X 呈指數分配，則可以寫作：X～Exponential（λ）。

Note

6.10 表示隨機故障之元件的故障數——「波瓦生分配」

■ 故障數的分配是以波瓦生分配表示

在圖 6.1 中所表示的分配，均爲時間 t（ttf，tbf）的連續分配，對於隨機故障的元件，在某時點爲止所觀測的故障數，其形成的分配爲何？

此時，故障數僅能取得 r = 0、1、2 之類的不連續數值，因之此種分配稱之爲離散分配。當故障率 λ（一定）不很大時，設若將 n 個元件使用 t 小時，則平均故障率爲：

$$\lambda T = \lambda nt$$

剛好 r 個故障之機率 P(r) 即可以下式表之，此分配稱爲波瓦生（Poisson）分配。

$$P(r)=\frac{(\lambda T)^r e^{-\lambda T}}{r!} \qquad \text{（式 6.7）}$$

（r! 是指「階乘」之意，即 r! = r(r – 1)(r – 2)⋯⋯1。譬如，3! = 3×2×1 = 6，特別是當 r = 0 時 0! = 1）。

基於此式，當知道隨機故障之元件的故障數 λ，樣本數 n 與時間 t（T = nt）時，如圖 6.5 即可預估（估計）出 r = 0、r = 1、⋯等各個發生機率。

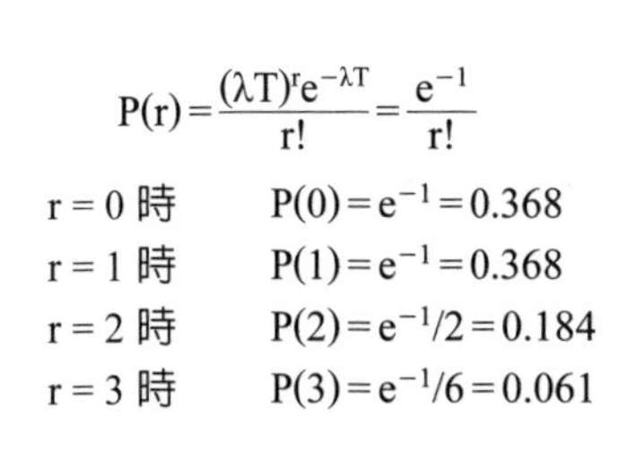

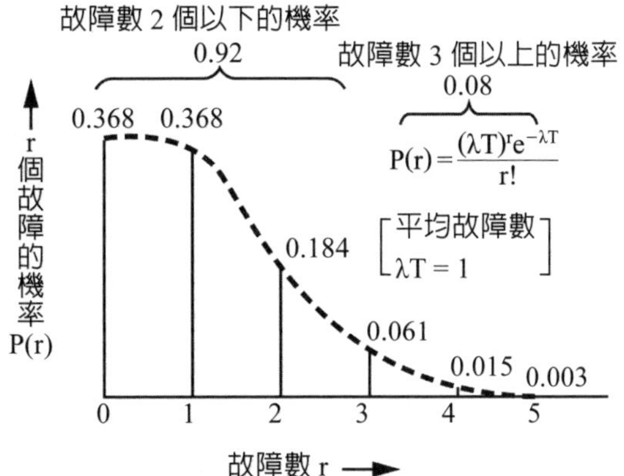

圖 6.5 波氏分配（平均故障數 λT = 1 時）

例題 6.6

故障率 $\lambda = 0.1\%$/ 小時之元件 n 個，使用 t = 100 小時，分別求出無故障（r = 0）之機率，r = 1 之機率，r = 2 之機率。

答

$\lambda T = \lambda nt = (0.001/\text{小時}) \times 10 \times 100\ \text{小時} = 1$

因此，式 6.7 即變成如下

$$P(r) = \frac{e^{-1}}{r!}$$

因此，P(0)、P(1)、P(2) 即為如圖 6.5 所示之值。

例題 6.7

在上題中，對於由 10 個元件所構成的裝置，準備著 C = 2 元件的備品。求出因備品的短缺而使裝置停止的機率。又把此機率限於 5% 以下時，要準備多少備品才行。

答

因備品的缺貨使裝置停止是在此期間中當元件有 C + 1 = 3 個以上故障發生時。設此機率為 P，P 是由 1 減去「2 個元件以下之故障機率和」。因此，

$$\begin{aligned} P &= 1 - \{P(0) + P(1) + P(2)\} \\ &= 1 - (0.368 + 0.368 + 0.184) \\ &= 1 - 0.92 = 0.08 = 8\% \end{aligned}$$

因此，為了使裝置停止的機率在 5% 以下，只要準備另一個備品即可。
亦即：

$$P(3) = e^{-1}/3! = e^{-1}/6 = 0.06133$$

所以裝置停止之機率 P，如下式即為 1.3% 以下。

$$\begin{aligned} P &= 1 - \{P(0) + P(1) + P(2) + P(3)\} \\ &= 1 - (0.368 + 0.368 + 0.184 + 0.06) \\ &= 0.019 = 1.9\% \end{aligned}$$

6.11 富於融通性的「韋伯分配」

前面曾對磨耗等之集中故障（IFR 型）所形成之常態分配，以及隨機故障的指數分配（CFR 型）予以說明，但以實際問題來說，該零件是服從何種之分配？是何種的故障率類型？一開始不知道的情形居多。此時，把數據描畫在根據韋伯分配所做出來的「韋伯機率紙」上，即可得知服從何種分配，能掌握整體的形態。

■ 韋伯分配——依m之值得出三種型態

此乃是瑞典的機械技術者韋伯（Weibull）所想出的分配，此是把指數分配予以擴張而得者，此分配有形狀母數 m、尺度母數 η（Ita）二個母數，以下式表示之。

$$R(t)=\exp\left[-\left(\frac{t}{\eta}\right)^m\right] \qquad \text{（式 6.8）}$$

此分配的最大特徵，乃是依形狀母數 m 的大小，分配的形狀而有如下之變化（m 稱之爲「形狀母數」道理在此）。

1. $0 < m < 1$　DFR 型
2. $m = 1$　CFR 型（指數分配）
3. $m > 1$　IFR 型

當 $m = 3.2$ 時，最接近常態分配。又 MTTF 是尺度母數 η 乘上 Γ（1 + 1/m）之高斯函數（此僅由 m 決定），以下式求出。

$$MTTF = \eta\Gamma(1 + 1/m)$$

不管是此式或是式 6.8，這些式子並不需要實際去計算，利用以下所敘述的機率紙，即可讀出 MTTF（μ）與 σ。

■ 韋伯機率紙的構成

爲了把壽命數據（以變數來說，不光是時間 t，材料的強度、重量、電壓等應力的數據亦可）套入式 6.8 中，在此式的兩邊取兩次的對數，即變成如下。

$$\underbrace{\ln\ln\left(\frac{1}{R(t)}\right)}_{y}=m\underbrace{\ln t}_{x}-\underbrace{m\ln\eta}_{-b} \qquad \text{（式 6.9）}$$

把上式的左邊設爲變數 y，lnt 設爲變數 x，m lnη 設爲定數 – b，此式即成爲

$$y = mx + b$$

由此可知，式 6.9 即爲表示直線的式子。爲了能描出此直線，如圖 6.6。

1. 右側的縱軸 $\ln\ln\left(\frac{1}{R(t)}\right)=\ln\ln\left(\frac{1}{1-F(t)}\right)$
2. 上側的橫軸 ln (t)

以等間距所刻成的特殊圖形，即稱之爲韋伯機率紙。

爲了實際便於描點，採取如下的刻度。

1. 左側的縱軸：不可靠度 F(t) 的 % 刻度
2. 下側的橫軸：時間 t 的刻度

亦即，基於實際的數據即可描出故障時間 t 對不可靠度 F(t) 的點（t, F）出來。可是，主刻度縱軸畢竟是 ln ln{1/R(t)}（右側），橫軸是 ln (t)（上側）。

■ 二個母數m與η可立即求出

由式 6.9 似乎可知，m 是表示直線（y = mx + b）的斜率（+ 之值），對於由數據所得出的直線，如可查出其斜率時（如次項所述，有簡便的方法），形狀母數 m 之值即可立刻得知。

又若把式 6.9 左邊的 ln ln {1/R(t)} 設爲 0 時，式 6.9 即爲：

$$0 = m\ln t - m\ln\eta$$

$\therefore t = \eta$

亦即，直線 ln ln{1/R(t)} = 0 與縱主軸（F = 63%）相交得出來的時間 t，即爲尺度母數的 η 值，因爲 t = η 時，由式 6.8：

$$R(\eta) = e^{-1} = 0.37 = 37\%$$（參照表 6.4）

此時不可靠度 F(η) 的值得出如下。

$$F(\eta) = 1 - R(\eta) = 63\%$$

又，將 ln ln{1/R(t)} = 0，F(t) = 63% 的軸稱爲橫主軸，相對的，ln t = 0（亦即 t = 0）的縱軸稱爲縱主軸（參照圖 6.6）。

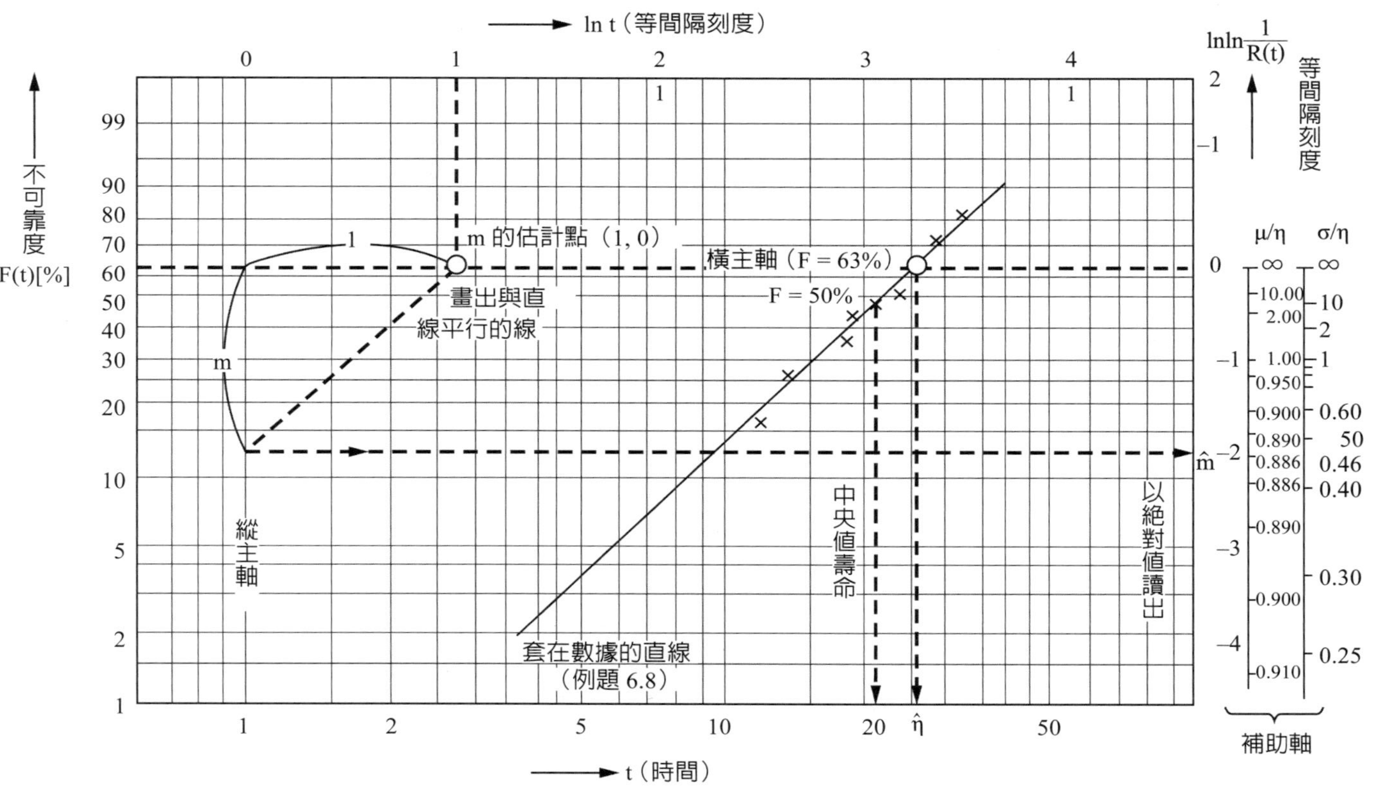

圖 6.6　韋伯機率紙與其用法

■ 利用韋伯機率紙估計壽命的步驟

根據以上所敘述的事項，將 1. 形狀母數 m（了解分配的形狀）；2. 尺度母數 η；3. 壽命的平均（MTTF = μ）；4. 壽命的標準差 σ，利用韋伯機率紙來估計的步驟予以整理如下。

1. 步驟 1：求出 t：F(t) 的數據，描點在機率紙上。

基於壽命時間 t（ttf 或 tbf）的數據，利用平均等級法（式 5.1）、中央值等級法（式 5.2）求出不可靠度 F(t)（%），將此值描繪在韋伯機率紙上。

2. 步驟 2：在點的周圍套合直線

點若能落在直線上，此數據可視爲韋伯分配（亦即式 6.8）。

3. 步驟 3：利用「上側的橫軸」與「右側的縱軸」讀出直線的斜率 m。

對於求 m 值，可利用以下簡便方法。

如圖 6.6 所示，由橫主軸上之 ln t = 1 的點（此稱爲 m 的估計點），畫出平行線平行於步驟 2 所求得之直線，此平行線與縱主軸相交，自此交點畫一平行於底邊的直線，與右側縱軸相交，讀出其刻度的絕對值，此即爲 m 之值。

爲何要讀出絕對值，因爲斜率不爲負的緣故。

4. 步驟 4：讀出尺度母數

步驟 2 所套出的直線，與橫主軸 F = 63% 之直線相交向下畫一垂直線與下方橫軸相交之 t 值，此即爲 η 值。

5. 步驟 5：使用補助軸的刻度，求出平均 μ 與標準差 σ 的估計值

求平均（= MTTF）、標準差 σ 時，可使用韋伯機率紙右端的兩條補助軸。把步驟 3 所求得之 m 向右延長過去與補助軸相交，然後讀出其刻度。某一方的補助軸的刻度爲 μ/η，另一方爲 σ/η，由於 η 已知，故將此補助軸刻度上之值乘上 η，即可求出 $\hat{\mu}$（= MTTF）、$\hat{\sigma}$。

例題 6.8

對於圖 5.1 所表示的 n = 10 的壽命時間，試應用韋伯分配，求出估計值 $\hat{\mu}$、$\hat{\eta}$、$\hat{\sigma}$、$\widehat{\text{MTTF}}$。

答

對於圖 5.1 的數據來說，如以平均等級法求出不可靠度，即如表 6.6。把此數據描繪在圖 6.6 上即可。譬如，r_1 的樣本其位置是 t = 8 小時，F(t) = 9.1%。把直線套合在此 10 點（× 記號）上，即得出圖 6.6 之直線。

表 6.6 依圖 5.1 的數據所計算之不可靠度值（樣本數 n = 10）

樣本號碼	r_1	r_2	r_3	r_4	r_5	r_6	r_7	r_8	r_9	r_{10}
壽命時間 t	8	12	14	18	19	24	26	28	33	39
累積故障個數 r	1	2	3	4	5	6	7	8	9	10
用平均等級法求不可靠度 F(t) = r/(n + 1)	0.091 (9.1%)	0.182 (18.2%)	0.273 (27.3%)	0.364 (36.4%)	0.455 (45.5%)	0.545 (54.5%)	0.636 (63.6%)	0.727 (72.7%)	0.818 (81.8%)	0.909 (90.9%)

由此圖形讀取 m 及 η，可得出如下之估計值。

$\hat{m}=2$，$\hat{\eta}=26$（小時）

自所讀出的 m 點，向右平移與補助軸相交，讀出其交點分別爲以下之值。

$\mu/\eta = 0.886$
$\sigma/\eta = 0.46$

因此，但 σ 與 μ 的估計值得出如下。

$\hat{\mu} = \text{MTTF} = 0.886 \times \eta = 0.886 \times 26 = 23$（小時）
$\hat{\sigma} = 0.46 \times 7 = 0.46 \times 26 = 11.96$（小時）

註 1：此 $\hat{\mu} = 23$ 小時與基於圖 5.1 上的數據所直接計算出來的值 $\hat{\mu}=t=22.1$ 小時差異不大。

註 2：此時 $\hat{m}=2$，因之可以說是相當集中的 IFR 型故障。

■ 韋伯機率紙是「要描點並觀察全體」才有意義

在上面的例題中，雖得出了 $\hat{m}=2$ 之估計值，然而如果母體的分配眞的是服從 m = 2 韋伯分配，而樣本數爲 10 左右時，因機率變動 m 被估計爲 1～3 左右，且曲折描點的情形也並非少數。

也就是說，m 的差異亦即標準差，知是近似的以 $0.79m/\sqrt{n}$ 來求出，與 $1/\sqrt{n}$ 成比例。因此，n 愈小，差異就愈大。

又，原先的數據若不服從韋伯分配，那形成曲折的描點，是理所當然的。

將以上事項一併考慮時，把數據描點在韋伯機率紙上，觀察所描出點的整體樣態，以了解大致的傾向的時候，方有意義可言。

又指數分配（m = 1）的情形，也可利用韋伯機率紙來解析。此 μ（MTTF）= σ = η = 1/λ（參照圖 6.1）。

小博士解說

從機率論和統計學角度看，韋伯分配（Weibull distribution）是連續性的機率分配，其機率密度為：

$$f(x;\lambda,k)=\begin{cases}\frac{k}{\lambda}\left(\frac{x}{\lambda}\right)^{k-1}e^{-(x/\lambda)^k} & x\geq 0\\ 0 & x<0\end{cases}$$

其中，x 是隨機變量，$\lambda>0$ 是比例參數（scale parameter），$k>0$ 是形狀參數（shape parameter）。顯然，它的累積分配函數是擴展的指數分配函數，而且，韋伯分配與很多分配都有關係。如：當 $k=1$，它是指數分配；$k=2$ 時，是瑞利分配（Rayleigh distribution）。

6.12 解析不完全數據的「累積故障法」(1)

■ 數據並不一定完全——何謂不完全的數據

在圖 5.1 或表 6.3 所表示的數據例中，是針對元件 n = 10 或 15 個來說，就某種特定的故障予以觀測其故障時間（ttf）。

可是，在實際的壽命試驗或現場數據中，在發生某特定原因之故障之前，像 1. 因破損、遺失之理由中止觀測；2. 提早進行預防交換；3. 因其他的故障原因（mode）發生故障，此種情況會發生。

此種數據對於作爲目的的故障來說，由於所有的故障時間並未加以觀測，故稱爲不完全數據。

■ 累積故障法的原理——由累積故障函數預測可靠度

實際上，難免會有想要從不完全數據即各種故障、交換、中斷等之混合數據中，著眼於意圖的特定項目（故障時間，預防交換時間），以求出有關該項目的可靠度。此時較方便的是累積故障法。此方法的原理乃是著眼於式 5.9 的累積故障函數 H(t)（此爲故障率 λ(t) 由 0 到 t 所圍成的面積）。

亦即，如求出故障率隨時間變化的和時，由於和是表示面積，所以 H(t) 即可估計。H(t) 的估計值 $\widehat{H(t)}$ 如可求出時，利用式 5.9，可靠度 R(t) 由估計值即可如下求出。

$$\widehat{R(t)} = e^{-\widehat{H(t)}}$$

■ 利用累積故障法來解析

1. 由不完全的數據選出特定的數據

今假定得出表 6.7 的 t_i、n_i 的數據。此最初有 n = 100 個對象，隨著時間的變化，某個對象因 A 之原因而故障，另一個對象因其他的 B、C 等原因發生故障或交換、中斷等，在 t_i 之時點裡殘存有 n_i 個，表 6.7 即爲此種之紀錄。

因此，表 6.7 的 t_i 紀錄是不完全數據。因此，著眼於因特定的原因發生故障的對象（譬如 A 原因爲磨耗故障），在故障時間上加上 * 記號，然後估計其可靠度。

因此，對於未加上 * 的對象，也就是中途中止觀測者，或其他的原因而故障的樣本。在第 24 小時有一個因爲特定故障原因發生了故障，所以加上 * 記號。在那之前所殘存的樣本數爲 n_i，此處爲 100。其次在第 48 小時，發生了其他原因的故障或交換等之中途中止（因此未加上 * ），在此之前所殘存的樣本數 n_i 爲 99。

表 6.7　利用不完全數據的累積故障函數求可靠度

到故障為止的時間 t_i	殘存個數 n_i	故障率的估計值 $\hat{\lambda}(t_i)=1/n_i$（小時）	累積故障函數的估計值 $\hat{H}(t)=\int_0^t \lambda(t)dt=\Sigma 1/n_i$	可靠度的估計值 $\widehat{R(t)}=e^{-\widehat{H(t)}}$
24*	100	1/100 = 0.01000	0.0100	0.99
48	99	—	—	—
72*	98	1/98 = 0.01020	0.0202	0.98
72*	97	1/97 = 0.01031	0.03051	0.97
72	96	—	—	—
96*	95	1/95 = 0.01052	0.04103	0.9599
96	94	—	—	—
96	93	—	—	—
120*	92	1/92 = 0.01087	0.05190	0.9496
144	91	—	—	—
168*	90	1/90 = 0.1111	0.06301	0.9392

像這樣，在簡單求殘存數 n_i 方面，把故障或中途被中止的樣本按時間的長短順序排列，由最短時間的觀測值起按順序加上 n_i = 100、99、98、……之順序即可。

2. 累積故障函數的估計值的求法

如圖 5.2 D 所示，累積故障函數 H(t) 是故障率 λ(t) 由時間 0 到 t 爲止的面積（積分），以式子表示如下。

$$H(t)dt=\int_0^t \lambda(t)dt \qquad \text{（與式 5.9′ 相同）}$$

因此，在求 H(t) 方面，即先將每一個故障發生時之故障率求出，將其值配合時間予以累加起來即可。

6.13 解析不完全數據的「累積故障法」(2)

每一個的故障率是以 $1/n_i$（小時）求出。譬如，$t_i = 24$ 小時之時，之前所殘存的 100 個之中由於有一個故障，所以其瞬間的故障率即爲 1/100 小時 = 0. 01 小時。表 6.7 的「故障率的估計值（有 1/ 小時的單位）」欄是對帶有 * 的時間加以計算。把乘上時間的故障率 $1/n_i$ 予以逐次相加，即爲每一個時間的累積故障函數的估計值 H(t)。

譬如，

$$\hat{H}(t_i = 24) = 0.01$$
$$\hat{H}(t_i = 72) = 0.01 + 0.102 = 0.0202$$
$$\hat{H}(t_i = 72) = 0.01 + 0.0102 + 0.01031 = 0.03051$$

3. 可靠度之估計值的求法

把上面所求得的 H(t) 代入式 5.9 中即可。對於指數的值來說，只要查閱表 6.4 的指數函數表（或以 Excel 的函數），即可簡單求出。

$$R(t) = e^{-H(t)}$$
$$R(t_i = 24) = e^{-0.01} = 0.99$$
$$R(t_i = 72) = e^{-0.02} = 0.98$$

這些値已記入在表 6.7 的右欄裡。

■ **累積故障函數H(t)，應用某理論分配時**

累積故障函數 H(t) 應用某理論分配時，此處已把所適用的式子，以及將其描於圖形用紙上時之形狀與母數的估計方法，整理於表 6.8 中。

表 6.8　累積故障函數應用理論分配時之圖形形狀與母數

理論分配	應用式	t：H(t) 的圖形形狀與母數的估計方法
指數分配（m = 1）	$\hat{H}(t) = \lambda \cdot t$（參照圖 6.1）	將 t：$\hat{H}(t)$ 點描在普通的方格紙時成為直線，因此故障率 λ（一定值）以斜率來估計。
韋伯分配	$\ln\hat{H}(t) = m(\ln t - \ln\eta)$	將 t 與 $\hat{H}(t)$ 的對數點描在兩軸均為對數之圖形上時即成為直線。因此由斜率 m，與縱軸的截距求出 η。

表 6.7 的情形，t：H(t) 的點在普通的方格紙上可落在直線上（亦即 H(t) 吻合指數分配），由其斜率即可得出 $\hat{\lambda} = 0.0043$/ 小時。

當然，使用表 6.7 所求得的 $\hat{R}(t)$，求出 $\hat{F}(t) = 1 - \hat{R}(t)$，將一對 t：$\hat{F}(t)$ 描在常態機率紙上或韋伯機率紙也可進行解析。

例題 6.9

在表 6.7 中對於特定項目的故障帶有＊的記號，如果把未帶有＊的數據亦即原因別的故障或中斷數據一開始即予以除外而後解析的話會如何？亦即，帶有＊記號的數據，n = 100 個之中有 20 個的情形是如何？

答

最初的樣本數 n 可以隨機選取。

除去＊記號僅取出故障數據時，會有偏差的結論。

除去了 20 個，因之 n = 80。因此，在第 24 小時的故障時點中，n_i 即成爲 80。在第 72 小時的故障時點中，n_i = 79 與 78，以下爲 77、76……。

因此到 72 小時止的累積故障函數 H(t) 爲：

$H(t) = 1/80 + 1/79 + 1/78 = 0.03808$

較表 6.7 的 0.03051 爲大。因此，可靠度爲：

$R(t) = e^{-H(t)} = e^{-0.03808} = 0.9626$

較實際的值（表 6.7 的值 0.97）爲低。

已除外之未帶有＊者，若由特定故障原因來看，即爲中途中止觀測時之無故障數據。

6.14 表示故障停止時間的分配「對數常態分配」(1)

前面幾節已就常態分配、指數分配、波瓦生分配、韋伯分配，以及累積故障法加以說明，這些均以壽命時間或可靠度為對象。

此處擬對表示維護度亦即故障停止時間的對數常態分配，以及使用此分配預測或解析維護度的情形加以說明。

談到壽命或可靠度時，一直使用著表示時間的記號 t，本節由於是表示與維護有關的時間（事後維護時間，維護時間，不能操作時間），乃使用 τ 的記號。

■ 關於維護度的基本式

維護度由於是「在規定的時間內完成維護的機率」，如果維護所需時間加快，因之「完成的機率」即變高。換句話說，維護度（或維護度函數）$M(\tau)$ 是 τ 的增加函數。剛好與圖 5.2 B 的不可靠度 $F(t)$ 的形狀相同。

有關可靠度 $R(t)$ 的基本式在前面已有過說明，相對的，維護度 $M(\tau)$ 的基本式，則說明於後。

1. 修復密度函數

$$m(\tau)=\frac{dM(\tau)}{d\tau} \qquad \text{（式 6.10）}$$

（與式 5.11 的故障密度函數 $f(t)$ 對應）

2. 修復率

$$\mu(\tau)=\frac{m(\tau)}{M(\tau)} \qquad \text{（式 6.11）}$$

（與式 5.12 的瞬間故障率 $\lambda(t)$ 對應）

另外 $\bar{\tau}$ 與 τ 的種類有以下幾種。

1. τ 的種類：事後維護時間（ttr），維護時間（M），不能操作時間（D）。
2. $\bar{\tau}$ 的種類：MTTR（平均事後維護時間），$\overline{M}$，$\overline{D}$。

■ 表示維護度的對數常態分配的性質

1. 分配的形狀

由過去的諸多事例來看，不能操作時間 M 或修理時間 τ，知是服從對數常態分配之理論分配。表示此分配的式子為式 6.10 的修復密度函數 $m(\tau)$，表示其分配的形狀者即為圖 6.7。

從此圖似乎可知對數常態分配，並非像常態分配一樣左右對稱大部分集中在時間 τ 的短時間一例。可是，其中有甚花時間者，形成平滑曲線狀的分配。在動作不可能時間或修理時間之中應該關心的，事實上即為使修理延誤（τ 的時間花很長）的原因，故重點性的調查原因，並擬定對策就變得有需要了。

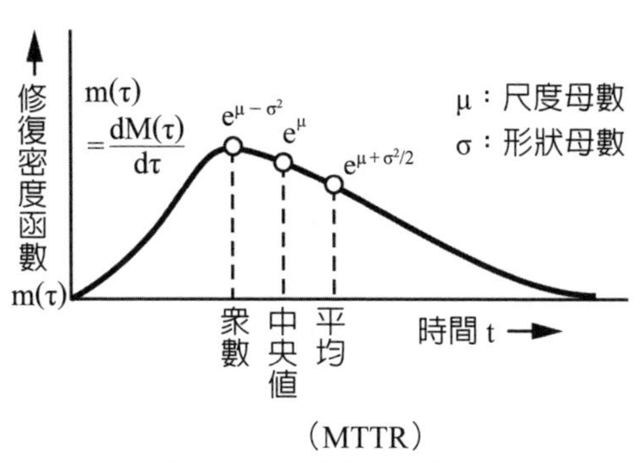

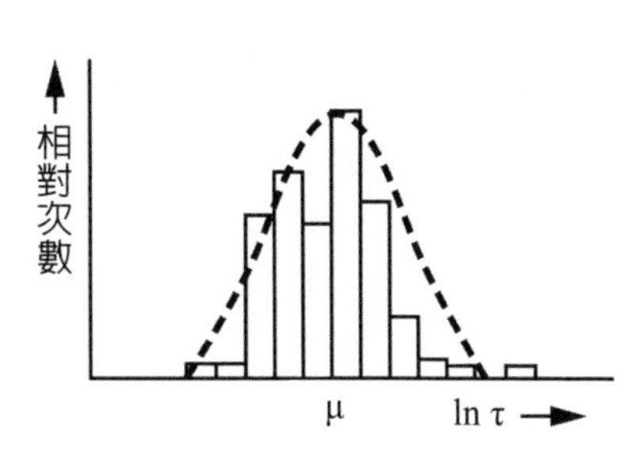

(a) 維護時間的分配形狀（對數常態分配）

(b) 將 (a) 的 τ 分配取成對數時之直方圖（成為左右對稱的常態分配）

圖 6.7　對數常態分配的性質

因此，分配的最高時點（稱之衆數），分配的剛好一半的時點（中央值），分配的平均時點（MTTR）三者並不一致。

2. μ 稱爲尺度母數，σ 稱爲形狀母數

在常態分配中 μ 稱爲平均、σ 稱爲標準差，而在對數常態分配中則分別另稱爲尺度母數、形狀母數。使用此 μ、σ 的對數常態分配其衆數、中央值、平均（MTTR）表示如下。

①衆數 $= e^{\mu-\sigma^2}$　（式 6.12）

②中央值 $= e^{\mu}$　（式 6.13）

③平均值（MTTR）$= e^{\mu+\sigma^2/2}$　（式 6.14）

3. τ 取成對數即形成常態分配

對於「對數常態分配」的名稱想必已有所了解，今若將此分配的時間取成對數使橫軸成爲 lnτ 時，即成爲如圖 6.7(b) 的常態分配了。

當變換成此常態分配時 μ 即與 lnτ 的平均對應，σ 與 lnτ 的標準差對應。可是名稱仍然是尺度母數、形狀母數。

■ 把常態機率紙的橫軸當作lnτ即成為「對數常態機率紙」

如前面所述，τ 換成 lnτ 即服從常態分配，對於服從對數常態分配的數據，於解析時可照樣使用圖 6.4 所表示的常態機率紙。只是橫軸不爲 t，變成了 lnτ。

可是對於此種刻度的圖形用紙，亦即如圖 6.8，特別稱之爲對數常態機率紙。

因此，關於修理時間或動作不可能時間的數據，雖然是 τ：M(τ)，但當描點時要改成 lnτ：M(τ) 然後再描點。

6.15 表示故障停止時間的分配「對數常態分配」(2)

■利用對數常態機率紙解析維護數據的方法——與常態機率紙的情形相同

此處所謂的維護數據的解析，是由元件或設備的修理時間（實際修理時間，故障檢出時間，零件等待時間，更置時間，調整時間）的數據來估計 μ、σ、平均（MTTR）、衆數、中央值之謂。

實施方法與利用常態機率紙估計壽命時間完全相同，今以步驟的方式來說明。

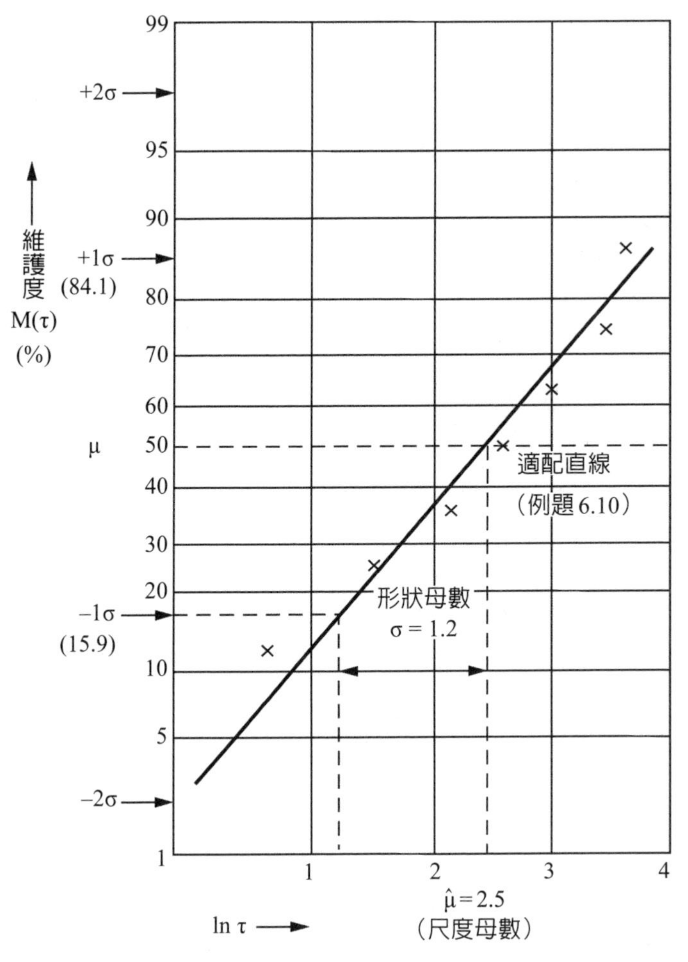

圖 6.8 利用對數常態機率紙解析故障停止時間

1. 步驟 1：取時間數據 τ 的對數，首先由所得到的修復時間 τ 求出自然對數 $\ln\tau$。
2. 步驟 2：將 n 個數據 ln 由小而大按順序排好之後，附上 1、2、……、n 的號碼，即當作 $\ln\tau_1$、$\ln\tau_2$、……。
3. 步驟 3：以平均等級法或中央值等級法求出維護度的估計值，把式 5.1 或式 5.2 的 F(t) 換成 M(τ) 再行計算即可。
   譬如，在平均等級法中即成如下。
   對 $\ln\tau_1$ 來說，$\hat{M}(\tau_1)=\dfrac{1}{n+1}$
   對 $\ln\tau_2$ 來說，$\hat{M}(\tau_2)=\dfrac{1}{n+2}$
4. 步驟 4：把 $\ln\tau$：$\hat{M}(\tau)$ 的值描點，畫出直線，把步驟 3 所求得的數值描點到對數常態機率紙上。這些點若能落在直線上，即知 τ 服從對數常態分配。
5. 步驟 5：由圖形上求出 μ 與 σ，與常態機率紙的情形相同，於步驟 4 所畫出的直線與 $M(\tau) = 50\%$ 相交，自交點垂直劃下，其垂足之 $\ln\tau$ 值即爲尺度母數 μ。又 M(τ) 的 50% 與 $-\sigma = 15.9\%$（或 50% 與 $\sigma = 84.1\%$）所對應之橫軸差距即爲形狀母數。
6. 步驟 6：求出中央值時間及 MTTR 的估計值，把步驟 5 所求得之 μ、σ 代入式 6.13、6.14 即可求出。

以上是利用對數常態機率紙解析維護數據的步驟。

例題 6.10

某元件的修理時間依記錄分別爲 2、5、9、13.5、21、34、40（小時）。以對數常態分配來解析。

答

從所給與的時間數據 τ，求其 $\ln\tau$，以及利用平均等級法求其維護度的估計值 $\hat{M}(\tau)=\frac{1}{n+1}$，得出如下。

τ 小時	2	5	9	13.5	21	32	40
lnτ 橫軸之值	0.7	1.6	2.2	2.6	3.0	3.4	3.7
號碼	1	2	3	4	5	6	7
利用平均等級法求 M(τ)	1/(7 + 1) = 12.5%	2/(7 + 1) = 25%	3/(7 + 1) = 37.5%	4/(7 + 1) = 50%	5/(7 + 1) = 62.5%	6/(7 + 1) = 75%	7/(7 + 1) = 87.5%

把此 $\ln\tau$：$\hat{M}(\tau)$ 之值予以描點，即如圖 6.8，這些近乎落在一直線上。自此直線與

1. $\hat{M}(\tau) = 50\%$ 之交點得出：$\mu = 2.5$
2. $\hat{M}(\tau) = 50\%$ 與 $-\sigma = 15.9\%$ 所對應之橫軸差距得出：　$\sigma = 1.2$

因此，由式 6.8、式 6.9 求得如下之值。

$$中央值 = e^{\mu} = e^{2.5} = 12.2 \text{ 小時}$$

$$MTTR = \frac{e^{\mu+\sigma^2}}{2} = \frac{e^{2.5+(1.2)}}{2} = e^{3.22} = 25 \text{ 小時}$$

又由圖知，$M(\tau) = 90\%$ 之修理時間爲 $\ln\tau = 4.0$，亦即 $\tau = 55$ 小時。

小博士解說

在機率論與統計學中，任意隨機變量的對數服從常態分配，則這個隨機變量服從的分配稱為對數常態分配。如果 Y 是常態分配的隨機變量，則 exp(Y)（指數函數）為對數常態分配；同樣，如果 X 是對數常態分配，則 LnX 為常態分配。如果一個變量可以看作是許多很小獨立因子的乘積，則這個變量可以看作是對數常態分配。

對於 $x>0$，對數常態分配的機率密度函數為：

$$f(x;\mu,\sigma) = \frac{1}{x\sigma\sqrt{2\pi}} e^{-(\ln x-\mu)^2/2\sigma^2}$$

其中 μ 與 σ 分別是對數常態分配的平均值與標準差。

第7章
可維護的裝置與其零件的可靠性

一般修復系的裝置，它的故障是隨機發生的，它的故障率即為構成零件之和。

此處就裝置或元件（unit）施與預防維護、事後維護、定期點檢、狀態監視維護時之 MTBF、更新率的基礎性關係等，加以說明。

7.1 機械與人類的壽命類型(1)

■ 故障率的概念

故障率 λ 的概念，是從觀察人類或生物的壽命如何依年齡而發生變化，將此種死亡率加以擴充而應用到機械上去。

圖 7.1 是說明此 λ(t) 的三種類型，以及相對應的可靠度 R(t)，故障密度函數（亦即壽命時間的分配）f(t)。

■ 人類的壽命與死亡率曲線

儘管人類是由極多的零件所構成的複雜系統，由於無法更換，對於故障（換言之死亡）而言，可被視爲消耗品。

圖 7.1 爲人類典型的死亡率曲線。剛出生時的死亡率高以後急速減少，青年期，壯年期死亡率低且安定，到了老年期即急激增加起來。由於整體的形狀與浴缸甚爲類似，故稱之爲浴缸曲線（bath-tub curve）。與死亡率曲線相對應的人類殘存率亦即可靠度，其曲線顯示在圖 7.2 中。

知識補充站

浴缸曲線雖相當有用，但也不是所有的產品或是系統的風險函數都依照浴缸曲線。例如，若零件在接近其損耗期之前就已更換或是減少使用，其相對日曆時間（不是使用時間）的故障率變化會比浴缸曲線的要少。

有些產品為了避免初期的故障率過高，會利用出廠前燒機（burn in）的方式，先過濾掉早期故障的產品。在許多安全關鍵或是生命關鍵的產品中常會用此作法，因為這可以大幅的減少系統早期的故障。製造商會在花一定成本的情形下進行此測試，其方式會類似環境應力篩選。在可靠度工程中，浴缸曲線的累積分配函數可以利用韋伯（Weibull）分配來分析。

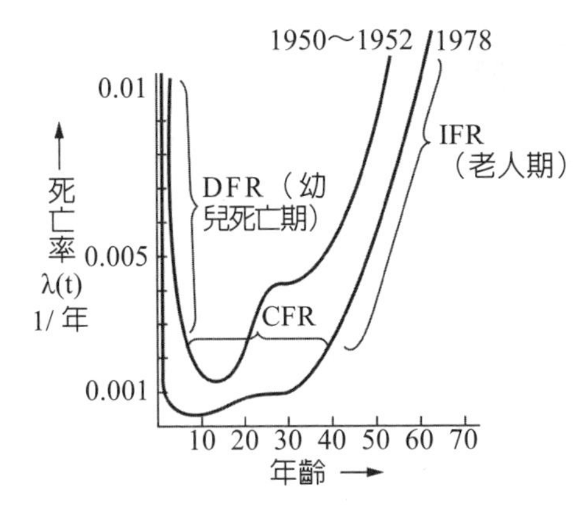

圖 7.1　人的死亡率曲線（bath tub curve）

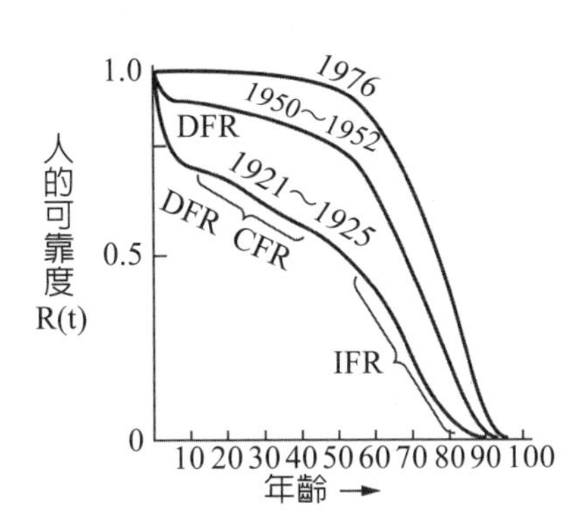

圖 7.2　人的殘存率曲線（亦即可靠度）

知識補充站

burn in 為後段測試的過程之一，有人稱為預燒或燒機，也有人以音譯直接翻為奔應或崩應。IC 後段製程待測品都會上預燒爐裡進行 burn in，其目的在於提供待測品一個高溫、高電壓、高電流的環境，使生命週期較短的待測品在 burn in 的過程中提早顯現其該有的特性。燒機可以篩選出早夭的零件及產品。

這是早期的理論，現今的電子零件大多已經都很成熟，很少有早夭的情形。但燒機也確實可以抓出一些生產製程中空焊、假焊、冷焊等的焊錫問題。

燒機的好處有：

1. 燒機可以進一步確保產品出貨的品質。
   有些產品可能會有不同批號的零件或是不同廠牌的零件，彼此搭配可能會出現意想不到的問題，燒機可以幫忙抓出這些問題。
2. 燒機可以給工程師多一點時間抓出產品的不穩定性。
   新產品一開始大量產時，通常比較不穩定，燒機可以給工程師們多點時間來調適產品，讓產品達到最佳品質狀況。

燒機的壞處有：

1. 燒機需要額外的空間及電源來擺放燒機的產品，會增加廠務的花費（facility cost）。
2. 燒機需要額外的生產時間，降低了出貨的流暢性及週轉率。
3. 燒機需要額外的人力設置，浪費人力成本。

7.2 機械與人類的壽命類型(2)

由上述似乎可知，人類的死亡率是由幼兒死亡期（DFR 型，10 歲左右最低）、青壯年期（大致看來雖是 CFR 型，但不夠嚴謹，仍爲 IFR 型）、老年期（IFR 型）三種類型的複合型。

青壯年期的死亡原因之中，因交通事故、自殺、戰爭等，在達到本來的壽命之前死去的部分，在時間上是隨機發生的（雖然隨機但並非原因不明）。人類壽命的本質性部分是老人期的 IFR 型。換句話說，這是人類視爲消耗品集中性故障而後死亡的部分。

■ 機械的故障——用預防或維護可降低故障

把機械的一生與人的一生假定相同時，圖 7.3 是機械的壽命曲線（故障率曲線）。

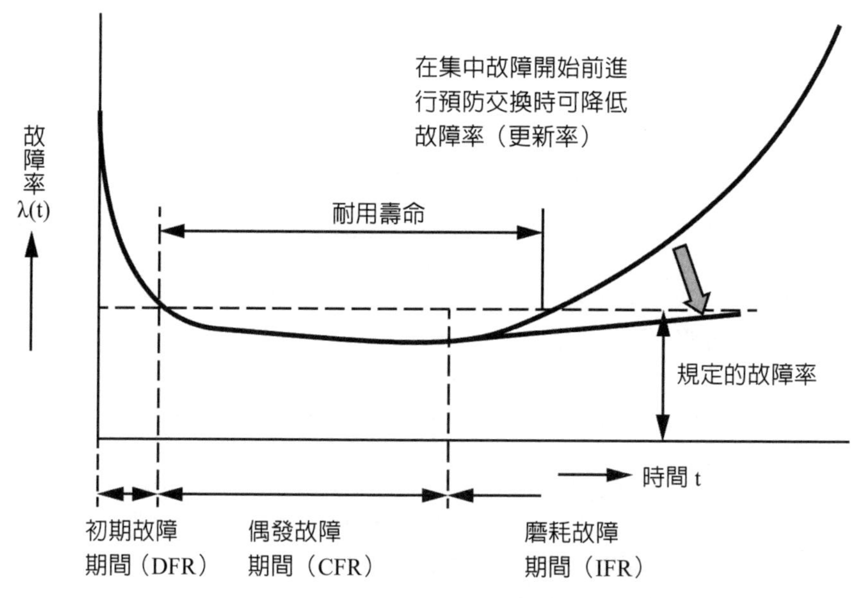

圖 7.3　典型的機器故障率曲線（浴缸曲線）

機械與人不同，裝置之中已老化且已磨耗的元件可以完全修復，故在故障率（死亡率）上升亦即 IFR 開始之部分進行預防維護，即可抑制故障率的上升。

於第 2 章曾說明過，對於 CFR 型進行預防交換會出現負面作用，而 CFR 的部分也要發現原因並予以改造，或利用狀態監視的預防維護，即可降低其故障。

如圖 2.8 及圖 5.3 所示，在單純的 IFR 型的情形中，若自時間 T 起故障率即開始的話，如於 T 交換，原理上即可使之變成 $\lambda = 0$。

以圖 7.2 的例子來說，由於 50 歲的生存率（可靠度）是 92%，若在 50 歲的時候進行身體中部分品的大修（overhaul）時，在原理上此 92% 的部分，壽命延長是有可能的。可是，在 50 歲的生存率假定是 10% 時，由於 90% 已經死亡，此時預防交換也是不太有效果的。

■ 機械的使用可能期間稱之為「耐用壽命」

不用說，經更換或修理之後，機械不一定會完全變成新品，若陳腐逐漸進行時，故障率（更新率）λ 隨著年齡徐徐上升。

總之，裝置的 λ 值超過某界限，在成本上換成新品較爲合算，在達到此點之前，裝置是可以使用的。被抑制在此限界值以下的期間稱之爲耐用壽命（useful life）。

可是在實際上，產品的設計變舊，替代零件的庫存已無，與新產品相比，機能變少而無法銷售，生產力降低等之理由，亦即所謂的商品壽命已盡，被廢棄的情形較多。

知識補充站

近年來不斷有新的技術被開發出來，而其中以具有輕、薄、體積小及低耗能等優點的產品最受歡迎，目前已被廣泛的應用於日常生活用的電子商品，如手機螢幕、數位相機及 GPS 等。當產品在研發階段時，可靠度即成為影響產品品質的關鍵因素，而且關係著產品是否能順利生產及推出。

以產品使用而言，產品各項功能會隨著使用時間的延長，出現功能性衰減的現象。在實務上對於產品故障時間之預測，是以實際產品進行實測，然而實務測試耗時、耗費與耗力，又企業急於交貨或將產品上市，此種長時間的壽命測試實不可行。業者最常見取而代之的作法為進行產品加速壽命實驗。希望藉由加速壽命測試，對產品功能衰減進行故障時間之預測，找出產品壽命最適化試驗之條件，產生最佳化產品之可靠度，提出高可靠度需求的產品，以提供市場需求，進而達到客戶滿意。

7.3 裝置的MTBF與零件的故障率的關係(1)

以直列模式爲例。

在由許多零件（消耗品）所構成的裝置或系統（修復系）中，其中的零件縱然故障，壽命也並非耗盡。此處，以直列模式的情形探討兩者之關係。

■ 直列模式的假定事項

爲了觀察此零件與裝置的故障率或 tbf 的關係，假想有一個由 A、B、C 三種零件所構成的裝置，圖 7.4 即爲將其故障狀況予以記入而得。零件數 A 有 1 個，B 有 B_1、B_2 二個，C 有 C_1、C_2、C_3，三個，合計 6 個。

假若這些 6 個零件之中的任一個故障時，裝置也就故障。亦即裝置是由 6 個零件構成直列系（直列模式）。並且，若 6 個零件的任一個故障時，立即交換該零件或進行完全修理，零件即與最初（t = 0）相同，恢復成與「新零件同樣的狀態（as good as new）」。

■ 各零件的故障發生方式

1. 零件 A：最初頻繁發生故障，乃變更設計或與別的良品交換，其後即無故障。
2. 零件 B：設爲隨機故障的 CFR 型。
3. 零件 C：自 9 月至年底爲集中性故障的 IFR 型。

以三種零件來說明 Drenic 定理。

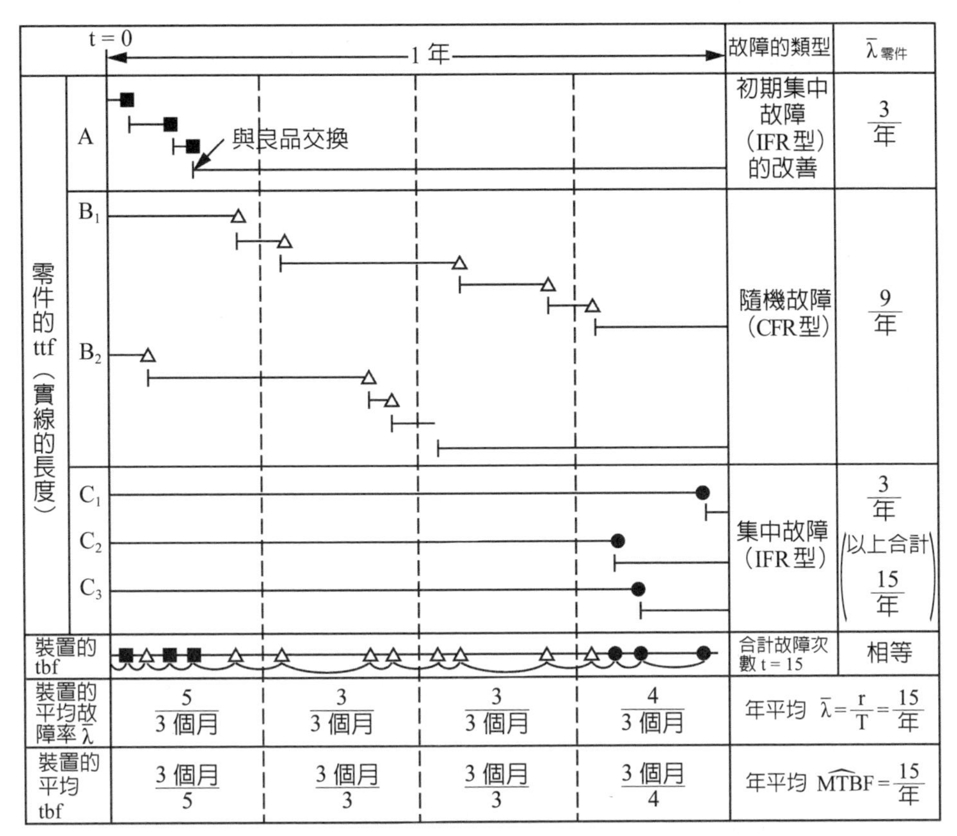

圖 7.4　有修復裝置的 tbf，區間平均故障率（更新率）與零件故障率之關係（■ A 零件的故障，△ B 零件的故障，● C 零件的故障，每一個均為直列的關係）

■ 裝置整體的故障率（更新率）近於一定（Drenic的定理）

圖 7.4 的下面是表示裝置每 3 個月的區間故障（更新）率 $\bar{\lambda}$，以及相當其倒數的區間（3 個月）平均 $\widehat{tbf}$（$\widehat{MTBF}$）值。

$\bar{\lambda}$ 雖然在零件 A 的影響下最初 3 個月是較大些，但以整體來看，知近乎一定，像這樣，各零件儘管取成各種的故障率類型，這些雖一面修理或交換使用，但在裝置層級中故障隨機化，λ 成爲一定，此在理論上已由 Drenic 證明過，故稱之爲 Drenic 定理。

可估計出：年平均 $\bar{\lambda}$ = 15/ 年，MTBF = 1/$\bar{\lambda}$ = 年 / 15。

又由圖似乎可知，構成零件的 ttf（實線的長度）雖長，但裝置的 tbf 卻有變短，此事必須注意。

反之，裝置經修理或交換恢復正常之時點起，到下次的裝置故障，譬如因零件 B 的故障而發生時，亦即，只找出在圖 7.4 的△記號處結束的 tbf，其平均值當作零件 B 的 MTTF，就會發生甚大的錯誤。

7.4 裝置的MTBF與零件的故障率的關係(2)

■ 裝置的故障率為零件故障率之和

直列模式的情形曾在第 3 章敘述過，「構成裝置之零件其故障率的和，即爲裝置的故障率」，因之可表示成下式（只將零件的故障對裝置的故障有直接影響的零件，視爲直列模式要素）。

$$\lambda_{裝置}=\lambda_1+\lambda_2+\cdots\cdots\lambda_n=\Sigma_{i=1}^{n}\lambda_i \quad （式 7.1）$$

由此式可知，哪一零件故障對裝置的故障影響最大，改善何者最有效即可判明。又，如前所述「故障隨機發生，$\lambda_{裝置}$限於一定之時」，式 5.6、式 6.4 同樣成爲

$$MTBF_{裝置}=\frac{1}{\lambda_{裝置}}$$

又由實際的數據來看，可用式 5.6 的例數來估計（tbf 若有時間上的傾向，就不能如此）。

$$\widehat{MTBF}=\frac{1}{\lambda}=\frac{T}{r} \quad （式 7.2）$$

■ 裝置處於成長期且採取改善時MTBF也會改變

前項是談論 MTBF 的求法，然而，如果裝置加以改善，且裝置處於成長期（譬如初期流動期，參照圖 2.10）時，則可靠度 R(t)（此時的 t 爲 ttf）發生變化，MTBF 也會發生變化。

因此，對某時間區間依據式 7.2 所求得之 $\overline{tbf}$，與具有一定設計品質的裝置之 MTBF（圖 2.2 或圖 5.2 之 R(t) 的面積，定數不變）不同，時時刻刻在變化，可當作一種改善指標的尺度。當然 $\overline{\lambda}$ 或 $\overline{tbf}$的計算，與取平均後的區間寬度有關。

■ 零件的故障原因為複數時

如果零件的故障是由數個故障原因（故障結構或形態、人爲失誤也包含在內）所構成時，整體的 λ 即成爲此故障結構的直列模式，表示成下式：

$$\lambda=\lambda_{結構1}+\lambda_{結構2}+\cdots\cdots$$

Note

7.5 由IFR型的零件所構成的裝置其更新率也近乎一定

像前節那樣，圖 7.4 中 IFR 型的零件 C，如進行事前預防交換，因零件 C 而發生的故障可事前防止，裝置整體的 λ 可予以降低。

對於由此種 IFR 型的零件所構成的裝置來說，不進行事前更換而進行事後維護（更新或完全修理）時，裝置的更新率 λ 變得如何呢？

■ λ近乎一定值——此稱為「更新（再生）理論」

像零件 C 之 IFR 型零件，其至故障爲止的平均時間當作 MTTF。由結論來說，縱然是集中性的故障，可是「每次故障即進行替代、完全修理，重複此種事後維護時，在經過一段時間之後，零件的故障以及裝置的故障即隨機化發生，其更新率 λ 近於一定，λ 成爲 $= \frac{1}{MTTF}$」。此理論稱之爲更新理論或稱之爲再生理論（renewal theory）。

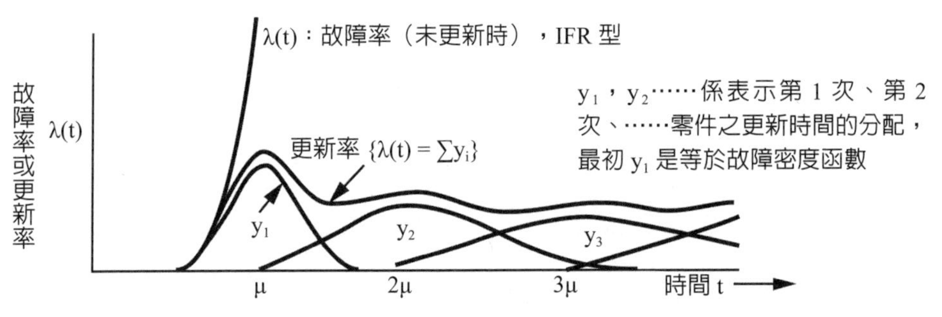

圖 7.5　重複事後維護時，更新率 $\lambda = 1/MTTF_{零件}$ 近於一定值

說明此情形即爲圖 7.5。y_1、y_2、y_3、……係表示第一次、第二次、第三次、……的故障發生，亦即更新時間的分配，全體的更新率（故障率）λ(t)，可用這些之和（$y_1 + y_2 + y_3 + \cdots$）來表示。由圖似乎可知，λ(t) 與 t 近乎平行而成爲一定之值。

此更新的理論與前節所述之 Drenic 定理的想法不謀而合。

■ 只進行事後維護之直列系裝置的更新率（故障率）與MTBF

若把更新理論予以擴張時，以各個零件的直列系所構成且僅進行事後維護之裝置，其更新率 $\lambda_{裝置}$ 依據式 7.1 知，可用下式來表示。

$$\lambda_{裝置} = \frac{1}{MTTF_{零件1}} + \frac{1}{MTTF_{零件2}} + \cdots + \frac{1}{MTTF_{零件n}}$$
$$= \sum_{i=1}^{n} \frac{1}{MTTF_{零件1}} = \frac{1}{MTTF_{裝置}}$$

又裝置的可靠度 R(t)，若把變數 t 取成 tbf 時，如前述可以表示成指數分配。

$$R(t) = e^{-\lambda_{裝置} t}$$

■ 裝置更新不完全時

至前項爲止，故障的零件是以完全更新（完全修理或交換）來考慮，但也可能有只進行不完全更新的情形。

此時，修復設若只修復零件故障（缺陷）的 $k \times 100\%$ 時，即有以下關係。

$$\lambda_{不完全修理的零件故障率} = \frac{\lambda_{完全修理的零件故障率}}{k} \quad （式 7.3）$$

知識補充站

更新定理（renewal theorem）是有關更新過程的極限定理。

更新理論是將波瓦生過程概括為任意持有時間，是機率論的分支。應用包括計算工廠中更換破舊機械的最佳策略，比較不同保險單的長期效益等。

更新過程是一種隨機過程。是描述元件或設備更新現象的一類隨機過程。假設對某元件的工作進行觀測。假定元件的使用壽命是一隨機變數，當元件發生故障時就進行修理或換上新的同類元件，而且元件的更新是即時的（修理或更換元件所需的時間為零）。如果每次更新後元件的工作是相互獨立且有相同的壽命分配，令 N(t) 為在區間 (0，t] 中的更新次數，則稱計數過程（N(t)，t ≥ 0）為更新過程。在數學上更新過程可簡單地定義為相鄰兩個點事件（即更新）的間距是相互獨立為同一分配的計數過程（但從原點到第一次更新的間距 T_1 可以有不同分配）。

儘管有許多零件的故障率類型有所不同，但在裝置層次仍是一定的（CFR 型）——Drenic 定理。

找出高明的監視、診斷法來進行維護時，零故障是有可能的。

7.6 發現「潛在故障」的「最適切點檢週期」

若故障顯在化時，可採取修理、交換等之對策，另外，如能觀察日常動作狀態時，採取某種程度的事前對策是有可能的。

可是，像維護裝置、緊急用警鈴、滅火器等，平常是否可好好發揮作用並不清楚，點檢之後才可發覺是否有異常。

此種裝置的異常未給予點檢而擱置不管時，一旦有事時，會造成甚大的損害。可是不斷的只是進行點檢，點檢的成本會增加。

總之，設若點檢成本一定時，存在有最適切的點檢週期 T_0，可使故障造成的損失最小。

■ 表示最適切點檢週期 T_0 的式子

基於使每小時的（點檢成本 + 損失成本）爲最小的方針之下，最適週期 T_0 可以下式來表示。

$$T_0 = \sqrt{\frac{C_i}{\lambda C_e}} \qquad \text{（式 7.4）}$$

C_i：點檢一次的成本

C_e：因不能動作每小時的損失

λ：裝置的故障率

由此式得出檢查費用 C_i 大時，則延長 T_0，另一方面，故障率 λ 大且因故障造成每小時的損失 C_e 大時，則縮短 T_0，呈現如此常識上的結論。

Note

7.7 進行狀態監視維護時，MTBF如何改善

■ 雖然沒有統計上的資訊，也不行袖手旁觀

IFR 型的零件配合故障的週期進行事前替代時，可使故障降低，此結果已如前述。

可是，爲了引進此種之時間計畫維護，其前提條件必須已知元件或裝置的可靠度 R(t) 才行。

可是，像僅只一台的裝置，類似的裝置甚少，並且也沒有壽命時間或 R(t) 的資訊，假定雖有資訊但故障率的類型因爲是服從 DFR 型、CFR 型，因之事前的預防交換是無意義的，而且，故障發生的影響不容忽視，此等情形確實令人困擾。

可是，也不能全然袖手旁觀不實施維護。統計上的定期交換等之時間計畫維護，雖然是根據數理上模式的一種方式，但是狀態監視維護則是以裝置的故障發生結構爲根據之一種質性維護方式，縱然是隨機發生之 CFR 型的故障，然而根據原因的計測，也並非不能預知。

如果於故障發生之前，不能利用點檢或監視停止裝置，卻能預知性的掌握劣化或故障的徵候時，使故障率成爲 0 之預知維護是可能的。此等方法大多取決於設備診斷技術。

■ 利用狀態監視維護求MTBF

利用狀態監視維護的觀測結果求 MTBF 時，使用缺陷檢出機率（已知機率）p，一般可使用以下式子。

$$MTBF = \frac{1}{\lambda} = \frac{T_D + (1-p)T_F}{1-p} \quad \text{（式 7.5）}$$

T_D：至裝置發生故障的前驅現象（異常）爲止的平均時間

T_F：異常發生之後到發展成眞正的裝置故障爲止之平均時間

p：於缺陷發生時利用狀態監視、點檢，檢出缺陷的機率

由此式似乎可知，增大缺陷檢出機率，使 $p \to 1$（100% 的預知、檢出）時，$MTBF \to \infty$，即 $\lambda \to 0$。

如果全然不進行檢出預知，聽憑故障發生後進行事後維護時，由於 $p = 0$，所以 MTBF 即變成下式。

$$MTBF = T_D + T_F$$

在前驅現象（徵候）的觀測發展至 T_F 的故障之前，必須利用狀態監視進行預知維護。

另外，使用哪一種的監視法，由於依情況而有所不同，故要好好調查故障原因，掌握其徵候，且要好好研究特性値及計測法、信號處理等。

參考文獻

1. 塩見弘，《信賴性工學入門》，丸善，1972。
2. 塩見弘，《信賴性、維護性的想法與作法》，技術評論社，1982。
3. 市川昌弘，《信賴性工學》，裳華房，1993。
4. 塩見弘，《信賴性入門》，日科技連，1982。
5. 信賴性研究委員會，《初等信賴性教材》，日科技連，1972。
6. 眞壁肇，《信賴性工學》，日本規格協會，1987。
7. 北川賢司，《信賴性工學入門》，KORONA 社，1993。
8. 維基百科。網址：https://zh.wikipedia.org

國家圖書館出版品預行編目資料

圖解可靠性技術與管理／陳耀茂作. -- 初版.
-- 臺北市：五南圖書出版股份有限公司,
2021.09
面； 公分
ISBN 978-986-522-980-1（平裝）

1.品質管理

494.56 110011761

5BJ5

圖解可靠性技術與管理

作　　者 — 陳耀茂
發 行 人 — 楊榮川
總 經 理 — 楊士清
總 編 輯 — 楊秀麗
副總編輯 — 王正華
責任編輯 — 張維文
封面設計 — 姚孝慈
出 版 者 — 五南圖書出版股份有限公司
地　　址：106台北市大安區和平東路二段339號4樓
電　　話：(02)2705-5066　　傳　　真：(02)2706-6100
網　　址：https://www.wunan.com.tw
電子郵件：wunan@wunan.com.tw
劃撥帳號：01068953
戶　　名：五南圖書出版股份有限公司

法律顧問　林勝安律師事務所　林勝安律師

出版日期　2021年 9 月初版一刷
定　　價　新臺幣300元